湛庐 CHEERS

与最聪明的人共同进化

HERE COMES EVERYBODY

U0308925

The Perfect Bet

[英] 亚当·库哈尔斯基 著

谢宜霖 译

胜算

台海出版社

測一測

你对"胜算背后的科学"了解多少?

扫码加入书架
领取阅读激励

扫码获取全部测试题
及答案,一起了解
"胜算背后的科学"

- 他是电影《美丽心灵》男主角原型,因提出对经济学产生重大影响的博弈论理论获得诺贝尔经济学奖。他是:

  A. 亚当·斯密

  B. 约翰·纳什

  C. 冯·诺伊曼

  D. 埃米尔·博雷尔

- 下列两个事件中哪一个发生的概率更大:一颗骰子掷 4 次出一个 6;两颗骰子掷 24 次出两个 6?

  A. 事件 1

  B. 事件 2

- 假设一只猴子利用一台打字机打字,经过无限长的时间,它最终能敲出莎士比亚全集吗?

  A. 能

  B. 否

扫描左侧二维码查看本书更多测试题

概率视角下的世界

戴雨森
真格基金管理合伙人

提到赌博和彩票，想必会调动很多人的多巴胺，但要理解博彩，首先要冷静下来，理解背后的科学——概率。这本书的中文名"胜算"中的"算"字，就很好地点明了这一主题。

概率在日常生活中的意义远比想象中要大。它不仅仅存在于博彩中，更是深深渗透到日常生活的方方面面。从我们每天做出的决策，到科技领域的突破性进展，概率的应用无处不在。以当下风靡全球的 ChatGPT 为例，其背后的大语言模型本质上就是在预测下一个最可能出现的单词。当你输入"我今天感觉很"时，模型会计算"好""开心""疲惫"等词出现的概率，并基于上下文选择最合适的词。这种看似智能的行为，实际上是概率统计的胜利。

　　虽然我们常认为概率是一个复杂的数学概念，但事实上，人类对概率有着与生俱来的直觉。这种直觉是我们在长期进化过程中形成的生存技能，帮助我们在充满不确定性的世界中做出决策。人类的祖先在决定是否冒险狩猎大型猎物时，实际上是在进行一种概率评估，权衡成功的可能性与潜在的危险。这种权衡本质上就是一种概率计算，尽管他们并不使用数学公式。同样，当我们决定是否带伞出门时，我们也在评估下雨的概率，综合考虑天气预报、云的颜色、空气湿度等因素，这本质上是一种直觉的概率运算。

　　然而，人类在面对概率时往往会掉入诸多陷阱。其中最著名的概率陷阱之一就是"赌徒谬误"。许多人相信，如果硬币已经连续多次正面朝上，那么下一次更有可能反面朝上。实际上，每次抛硬币的结果都是独立的，概率始终是 50%。本书第 1 章就深入浅出地解释了这个例子。正如本书所探讨的，科学和数学为我们提供了克服这些认知局限的工具。通过系统的概率分析和数学模型，我们可以避开思维陷阱，做出更加理性和准确的判断。无论是在牌桌还是在生活的其他领域，理解并避开这些概率陷阱，都是真正掌握"完美赌注"的关键。

　　作为早期投资从业者，我深知在许多人眼中，我们的工作可能看起来像是一场高额赌注。针对前景未明的创业公司下注，这和刮彩票是不是差不多？诚然，早期投资中确实存在大量运气因素，但作为从业者，我们的工作本质是在不确定性中寻找增加"胜率"的方法，这与本书探讨的主题有着惊人的相似之处。

例如，就像赌场中的玩家会分散下注以降低风险，风险投资者也会构建多元化的投资组合。我们投资于多个初创公司，明知其中很多可能会失败，但我们在寻找那个能带来巨额回报的超级独角兽。这种策略本质上是一种基于风险投资回报，具备高度头部效应，即有关幂律的概率游戏，我们在其中平衡风险和潜在回报。

当遇到令人兴奋的团队时，我们会更加敢于下注。这种判断很大程度上来自对过往成功案例的模式识别。我们仔细考察创始团队、商业模式、市场潜力等因素，这些都是用来计算胜率的变量。就像本书所提到的，一些游戏参与者会利用信息优势来获得"不公平的优势"，从而增加胜算。同样，优秀的风险投资者也会通过建立广泛的行业网络，深入理解技术趋势，对团队进行深入的背景调查，来获得对人和事的洞察，这些都是风险投资者突破运气、增加胜率的方式。

此外，虽然单个投资行为可能看起来像赌博，但成功的风险投资需要长期思维。作为一只专门做天使投资的基金，我们不只是在寻找单个项目的成功，而是通过持续优化团队和决策过程，提高长期的、系统化的成功概率。这与职业赌徒制定具有更大胜率的策略，然后进行多次赌局以使统计规律发挥作用，有着异曲同工之妙。

　　从游戏中获得的启发，总结的规律，恰好可以使我们看穿纯粹比赛的随机性，对世界的运行规律多了更多认知和掌握，我想这才是读完本书之后最大的收获吧。

探索人生的胜算之道

余晨
易宝支付联合创始人、总裁

"停泊在港湾的船是安全的，但这不是造船的目的。"在一个充满不确定性和高速变化的时代，最大的风险是不冒任何风险。人生便是一场冒险，但冒险并不全凭运气，而可以更多依靠科学，这正是《胜算》一书向我们揭示的道理。

人生如戏，工作亦如棋局。我们在日常的生活与工作中，何尝不是在参与一场场无形的游戏？每一个决策、每一次选择，无不似在博弈之间，谋求胜算。这种博弈，既充满挑战，又激发智慧，仿佛将我们引入一片未知的迷宫，我们在其中摸索前行，寻找那通向成功与幸福的光明大道。

　　《胜算》的作者亚当·库哈尔斯基，以其深厚的数学与科学背景，带领我们探索博弈论与统计学的奥秘。在他的笔下，那些看似复杂的赌局，揭示了一个个隐藏在背后的规律与真理。通过深入浅出的讲解，我们不仅可以理解游戏中的胜负之道，更能在生活与工作的博弈中游刃有余。

　　生活是一场永不停歇的游戏，我们每个人都是这场游戏的玩家。在这场游戏中，有的人如同经验丰富的老手，能巧妙运用各种策略，以智取胜；有的人则如初出茅庐的新手，需通过不断的尝试与学习，逐步掌握游戏的规则与技巧。而《胜算》正是那一本可以为我们指点迷津的宝典，它不仅教授我们如何在赌注和冒险中寻找胜算，更引导我们在生活与工作中如何做出更明智的决策。

　　这本书的魅力，不仅在于它对数学与科学的精彩讲解，更在于它对人生哲理的深刻洞见。书中所探讨的每一个策略与理论，都是对现实生活的一种隐喻。我们在阅读过程中，仿佛置身于一个个扑朔迷离的赌局中，跟随作者的思路，逐步揭开胜负背后的秘密。

　　在《胜算》中，我们不仅可以学到赌博中的科学与数学，更可以领悟到人生的真谛。正如书中所说，胜负不仅仅取决于运气，更依赖于智慧与策略。在这纷繁复杂的世界里，《胜算》如同一盏明灯，为我们照亮前行的道路。它不仅是一本书，更是一位智者，带领我们穿越迷雾，找到那通向成功与幸福的道路。那些勇于在这场人生与工作的游戏中不断学习、不断成长的人，将最终赢得属于自己的胜利。

　　《爱丽丝漫游仙境》的作者刘易斯·卡罗尔说："最终，我们只会后悔那些我们没有冒的险。"在人生的历险中，让我们翻开这本书，一同走进《胜算》的世界，去发现那隐藏在博弈背后的智慧与真理。在这里，每一位读者都将获得启迪与力量，找到那属于自己的胜算之道。

思维框架是胜算的基础

朱文倩
美团副总裁

本书作者库哈尔斯基是剑桥大学的数学博士，书中涉及大量数学和计算机知识。而我自上海中学数学班毕业后，去了剑桥大学攻读计算机科学，因此读起这本书来特别亲切且津津有味，当读到第2章描写剑桥大学的彩色玻璃窗时，更是会心一笑。

我是做投资的，在投资的世界里，每一个决策都像是在进行一场精心计算的博弈。《胜算》这本书，以其独特的视角和深刻的洞察，为我们揭示了在不确定性中寻找确定性的智慧。作为一名投资者，我深知在金融市场这片波涛汹涌的大海中，唯有坚实的思维框架，才能成为我们驾驭风浪的罗盘。

　　这本书不仅是科普读物，更是一场思维的盛宴。作者巧妙地将复杂的数学和计算机科学知识，转化为一个个生动有趣的故事，即便是没有深厚数理背景的读者，也能从中获得灵感和启迪。正如书中所述，无论是古老的博彩游戏，还是现代的投资决策，背后都遵循着一定的规则和逻辑。而掌握这些规则，建立起自己的思维框架，是我们在这场博弈中取得胜算的关键。

　　《胜算》中提到"科学家赌徒"，他们运用数学、物理学、生物学等科学理论中的思维框架，将不确定性转化为可计算的概率，从而在博弈中占据优势。这正是我们作为投资者应该学习的——如何将抽象的理论与实际的投资决策相结合，构建出一套行之有效的投资策略。

　　书中不仅讨论了凯利公式、泊松过程等理论工具，更通过实际案例展示了这些工具在投资决策中的应用。从网约车车辆调度到外卖派单，从央行的政策选择到股市的交易规则，每一个优化的框架都能带来显著的效益。这告诉我们，无论是在商业运营还是投资决策中，一个好的思维框架都是成功的重要保障。

　　作为投资者，我们每天都在面对选择：赛道的选择、项目的评估、估值的判断、进出的时机……这些都是我们需要通过不断学习和实践来优化的思维框架。《胜算》为我们提供了一个学习和借鉴的平台，让我们看到了思维框架在投资领域的实际应用和巨大潜力。

最后，我想说的是，这本书的价值不仅仅在于它所传达的知识，更在于它激发了我们对思维框架重要性的深刻认识。在人生这场长跑中，让我们带着《胜算》给予的智慧，不断前行，寻找并把握每一个胜利的机会。

推荐序一　　概率视角下的世界

戴雨森
真格基金管理合伙人

推荐序二　　探索人生的胜算之道

余晨
易宝支付联合创始人、总裁

推荐序三　　思维框架是胜算的基础

朱文倩
美团副总裁

引　言　　**胜算背后的科学**　　　　　　　　001

01　　**逃离三级无知，
轮盘赌与混沌理论**　　　011

庞加莱的三级无知　　　　　　　　014
轮盘赌并非运气游戏　　　　　　　017

等待完全随机 021

不是统计问题，而是物理问题 024

混沌理论与"善魔" 028

从规律到随机 036

02　蛮力攻击，兼具随机性与平衡性的彩票游戏 039

发现彩票的漏洞 044

兰登策略投资有限公司 047

击败彩票公司的蛮力攻击 053

03　从实验室到蒙特卡洛的赌场，最简单的解释往往最明智 055

有迹可循 063

热门—冷门偏差 066

最简单的选择往往是最好的 069

模型与预测 079

洛斯阿拉莫斯实验室的数学家 084

马尔可夫链蒙特卡洛法 088

凯利公式里的答案 091

目 录

04 博士行家，导致判断失误的偏差 097

为预测足球比赛建模 101

统计与数据 108

预测的不是结果，而是关键动作 112

新的投注方式 120

模型预测的关键信息 134

05 机器人崛起，简单的系统未必以简单的方式运行 141

算法与自动投注 146

简单的系统未必以简单的方式运行 155

06 虚张声势的人生，最佳策略的博弈 171

纳什均衡与囚徒困境 174

"如何赢得最多"还是"如何输得最少" 179

最小最大化问题 186

跳棋已被破解 196

博弈论并不总是最好的选择 203

07　模型对手，
在信息不完备时做决策　　　　207

扑克是现实的完美缩影　　211
图灵测试与扑克机器人　　213
剪刀石头布　　224
在信息不完备时做决策　　238

08　超越算牌，
从赌中诞生的科学理论　　　245

运气与技巧　　252
赌的科学　　259

致　谢　　　273
注　释　　　275

胜算背后的科学

　　2009 年 6 月，一家英国报纸报道了埃利奥特·肖特（Elliott Short）的故事。[1]这位前金融行业交易员通过赌马赚了 2 000 多万英镑。他拥有一辆由专职司机驾驶的奔驰，在伦敦顶奢地段骑士桥区有间办公室，还经常在城中最好的夜店里挥金如土。[2]这篇报道透露，肖特的赢钱策略很简单，那就是永远不买夺冠热门。因为胜率最高的马不可能每场都赢，所以利用这种方法是可以赚大钱的。依靠这套策略，他在英国几个最著名的比赛中赚得盆满钵满：在切尔滕纳姆赛马节（Cheltenham Festival）上赚了 150 万英镑，在英国皇家阿斯科特赛马会（Royal Ascot）上赚了 300 万英镑。

这并非故事的全部真相。肖特宣称，在切尔滕纳姆赛马节和阿斯科特赛马会上大赚特赚，但他其实根本就没有下注。[3] 说服投资者将数十万英镑投入他的投注系统后，他将大部分钱挥霍在了度假和夜生活上。[4] 有一天，投资者们终于感觉到了不对劲，便报了警，肖特因此被捕。2013 年 4 月此案宣判，肖特被控犯有 9 宗欺诈罪，并被判处 5 年有期徒刑。[5]

你可能没想到会有这么多人上当受骗。但有关完美投注系统的想法的确有些诱人。那些通过下注赚大钱的故事挑战了赌场或庄家不可战胜的认知，这些故事暗示概率博弈中存在漏洞，如果你足够聪明，就能发现并利用这些漏洞。随机性可以得到合理解释，运气也可以用公式控制。这种想法十分诱人，自不少博弈游戏诞生之日起，很多人便不停地寻找破解之法。不过，对完美投注系统的研究不只影响着赌徒。在历史长河中，"下注"这件事彻底改变了人类对运气的理解。

18 世纪，当第一个轮盘赌的轮盘出现在巴黎的赌场中时，玩家没花多久就发明了新的投注系统。大多数策略虽都有着好听的名字，胜率却低得离谱。其中一个从酒吧游戏策略发展而来的策略叫作"马丁格尔策略"（the martingale），号称能"永不输钱"。随着口碑日增，它在本地玩家中变得极为流行。[6]

马丁格尔策略需要针对红黑两种颜色下注。颜色本身并不重要，重要的是下注方式。游戏规定，玩家每轮不能等额下注，而是每输一轮下注金额就要翻倍。当玩家终于押中颜色时，他不仅能挽回之前的所有损失，还能赢到与首轮下注金额相等的钱。

初看起来，这个系统毫无破绽。但它有个严重的问题：有时所需赌注已经远远超过了赌徒甚至赌场的支付能力。遵从马丁格尔策略，玩家一开始可能能赢到点小钱，但长期下去，支付能力一定会成为这个策略的拦路虎。尽管马丁格尔策略一度风行，但没有人有能力成功贯彻该策略。正如大仲马所说："马丁格尔就像灵魂一样难以捉摸。"[7]

这个策略能够吸引且持续吸引这么多玩家，其中一个原因是：从数学的角度看，它是完美的。只需写下已下注金额与可能赢到的金额，你必然能成为最终赢家。这种计算法在理论上无懈可击，但从实际角度看，它根本行不通。

在下注时，了解博弈背后的理论可以发挥重要作用。但假如该理论尚未出现呢？文艺复兴时期，意大利数学家杰罗拉莫·卡尔达诺（Gerolamo Cardano）嗜赌如命。在将遗产挥霍一空后，他决定靠赌钱发家致富。[8]要想赢钱，卡尔达诺就需要测量随机事件的发生概率。

在卡尔达诺身处的时代，我们现在所知的概率论尚未被提出，没有关于偶然事件的定律，也没有关于事件发生可能性的规律。如果谁掷骰子掷出了两个 6，那纯属运气好。对很多博弈游戏来说，玩家并不知道什么叫"公平"的赌注。[9]

卡尔达诺是发现这种博弈游戏可以用数学知识进行分析的其中一个人。他发现，要在靠运气取胜的世界中找到正确的方向，就必须找到它的边界所在。所以他会查看所有可能结果，然后关注那些他感兴趣的结果。尽管两颗骰子的点数有 36 种不同组合，但只有一种组合是两个 6。他也弄清了怎么处理多重随机事件，从而推导出计算重复博弈准确赔率的"卡尔达诺公式"（Cardano's formula）。[10]

卡尔达诺公式	以意大利数学家卡尔达诺的名字命名，是三次方程的求解公式。但三次方程的解法首先由意大利数学家塔尔塔里亚提出，经卡尔达诺介绍后广为人知。

卡尔达诺的智慧并非他在牌桌上的唯一武器。他还随身带着一把匕首，而且在必要时会选择使用。1525 年，他在威尼斯玩牌时，发现对手作弊。卡尔达诺说："当我发现牌被做了记号时，我冲动地用匕首划破了他的脸，但划得不深。"[11]

在接下来的几十年里，其他研究者也逐渐揭开了概率的奥秘。

受一群意大利贵族之托，伽利略研究了某些点数的组合比其他组合出现得更多的原因。[12] 天文学家开普勒在研究行星运动之余，写了一篇关于骰子和投注理论的简短文章。[13]

1654 年，由于法国作家安托万·贡博（Antoine Gombaud）提出的一个博弈难题，概率科学得以蓬勃发展。[14] 他对下述骰子问题百思不得其解：是一颗骰子掷 4 次出一个 6 容易，还是两颗骰子掷 24 次出两个 6 容易？贡博认为，二者出现的概率是相同的，但他没办法证明。于是，他写信给数学家朋友布莱兹·帕斯卡（Blaise Pascal），询问帕斯卡情况是否的确如此。

为解决这个问题，帕斯卡找了皮埃尔·德·费马（Pierre de Fermat）帮忙。费马是一位富有的律师，也是数学家。他们在早先卡尔达诺关于随机性的成果基础上，共同确立了概率论的基本定律。其中不少新概念成为数学理论的核心。帕斯卡和费马定义了博弈的"期望值"，用以衡量重复博弈的平均收益率。他们的研究证明贡博的想法是错的，实际情况是：一颗骰子掷 4 次出一个6，比两颗骰子掷 24 次出两个 6 容易。[15] 不过，多亏了贡博的问题，数学领域才出现了一套全新的思想。数学家理查德·爱泼斯坦（Richard Epstein）说："赌徒们大可自称概率论的教父。"[16]

投注除了帮助研究者从纯数学角度理解一次投注的价值，还向我们展示了在日常生活中如何为决策估值。18 世纪，瑞士数学家丹尼尔·伯努利（Daniel Bernoulli）想弄明白，为什么人们偏好低风险而非（理论上）高收益的投注。[17] 如果驱动其决策的不是预期收益，那会是什么呢？

伯努利解决这一投注问题的方法是，从"期望效用"（expected utility）而非预期收益着手。他认为，人们拥有多少钱，可以决定相同数额的钱价值的高低。比如，一枚硬币在穷人眼中就比在富人眼中更值钱。正如研究者加布里埃尔·克拉默（Gabriel Cramer）所说："数学家对钱的估值与数量成比例，而聪明人对钱的估值与效用成比例。"[18]

这一见解极其高明。事实上，效用的概念奠定了整个保险业的基础。大多数人宁愿定期支付可预测的款项，也不愿平时不花钱而承担突然花一大笔钱的风险，即使平均来看前者花费更多，人们也不会改变选择。人们买不买保险取决于其效用。如果一件东西更换起来不需要花很多钱，那么人们就不太可能为它投保险。

在接下来的章节里，我们将会看到投注是如何持续影响科学思想的，这涉及从博弈论与统计学到混沌理论与人工智能等诸多领域。也许，科学与投注如此紧密交织并不值得惊讶。毕竟，投注是进入运气世界的窗口。它向我们展示了如何平衡风险与收益，以及为什么人们对事物的估值因情境而异。它可以帮助我们弄清楚如何做决策，以及如何控制运气的影响。投注行为涵盖了数学、心理学、经济学和物理学，因此自然会吸引对随机事件或看似随机的事件感兴趣的研究者。

科学与投注的关系不只惠及研究者，赌徒们也开始运用越来越多的科学思想来制定能够成功的投注策略。很多时候，这些概念形成了一个完整的闭环：那些最初由于研究者的学术兴趣而产生的投注方法，促成了人们在实践中击败庄家的尝试。

20世纪40年代后期，物理学家理查德·费曼（Richard Feynman）初次来到拉斯维加斯，他尝试了很多种投注方法，以确定自己大概能赢多少，或者可能会输多少。他发现，虽然双骰子游戏是一门亏本生意，但也不会亏太多：每投注1美元，平均会输1.4美分。当然，这是在大量尝试基础上得出的预期亏损。费曼玩的时候手气极差，很快就输掉了5美元——这导致他告别赌桌。[19]

不过，后来费曼还是去了好几次赌城。他特别热衷于搭讪跳舞女郎。有一次，他在跟一位名叫玛丽莲的跳舞女郎吃午饭时，对方指着一个走过草地的男人向费曼介绍。这个男人是个著名的职业赌徒，名叫尼克·丹多洛斯（Nick Dandolos），也有人叫他"希腊人尼克"。费曼对"职业赌徒"这一概念困惑不已。在算过每一种赌场游戏的概率后，他无法理解为什么"希腊人尼克"总是能赢钱。

　　玛丽莲把"希腊人尼克"叫过来同桌而坐，费曼问他为什么能以赌为生。尼克回答："我只在赔率对我有利时下注。"费曼还是不明白。赔率怎么能对某个人有利呢？

　　"希腊人尼克"告诉了费曼自己真正的成功秘诀。他说："我不是在牌桌上赌，而是在跟牌桌旁的其他人赌，那些迷信幸运数字的、心存偏见的人。"尼克明白赌场永远占上风，所以他就与其他缺乏经验的赌徒对赌。与使用马丁格尔策略的巴黎赌徒不同，"希腊人尼克"懂一些博弈知识，也懂博弈的对象。那些显而易见的策略只会让他输钱，他找到了一种让赔率有利于他的方法。算出数字从来不是最难的，真正的技巧在于把它转化为有效的策略。

　　尽管吹牛的成分远多于真实成就，但我们依旧对成功的投注策略故事常有耳闻。比如，成功利用彩票系统漏洞的团伙，或是利用轮盘赌的漏洞获利颇丰的团队，还有靠算牌发了小财的学生，往往是数学专业的学生。

　　然而，近年来这些伎俩已经被复杂得多的思想超越了。从预测赛事比分的统计学家到发明智能算法战胜人类牌手的技术天才，人类不断发现新的击败赌场和庄家的方法。不过，把坚实的科技变为真金白银的都是些什么人呢？更重要的是，他们的策略从何而来呢？

那些有关这类人胜利伟绩的报道关注的往往是：他们是谁？他们赢了多少钱？科学的投注方法被说成是数学魔术戏法，而其核心思想却无人提及，理论依旧不为人所知。我们真正应该关心的是这些"戏法"是怎么施展的。一直以来，投注不断催生新的科学领域，启发人们对运气和决策产生新的见解。这些见解对科技、金融等多个领域产生了重要影响。通过剖析现代成功的投注策略的内在机制，我们就会发现科学方法一直在刷新我们对运气的认识。

从简单到复杂，从大胆到荒谬，投注是一个诞生惊人思想的流水线。全世界的赌徒都在挑战可预测性的极限，努力跨越秩序与混沌的边界。有些人在探究决策与竞争的奥秘，有些人在观察人类行为的怪异之处、探索智力的本质。通过剖析成功的投注策略，我们将发现投注为何仍会影响人们对运气的理解，以及运气如何为我们所用。

THE
PERFECT
BET

01
逃离三级无知，
轮盘赌与混沌理论

WHEN WE ARE AT OUR DEEPEST LEVEL OF
IGNORANCE, WITH CAUSES THAT
ARE TOO COMPLEX TO UNDERSTAND,
THE ONLY THING WE CAN DO IS LOOK
AT A LARGE NUMBER OF EVENTS TOGETHER
AND SEE WHETHER ANY PATTERNS
EMERGE.

当我们因为原因太复杂而无法理解，从而
处于最深层的无知时，我们唯一能做的就
是看看能否在大量事件中发现某种模式。

THE
PERFECT
BET

伦敦丽兹酒店的地下室有个高赌注赌场，名叫丽兹俱乐部，以奢华闻名。身穿黑色西装的荷官们主持着华美赌桌上的赌局；文艺复兴时期的绘画挂满四周墙面，室内金碧辉煌。对普通赌徒来说，丽兹俱乐部同样以私密闻名。要想进入，你必须是会员或是住店旅客，当然，还得有良好的资金状况。

2004年3月的一个晚上，一个金发女郎走进了丽兹俱乐部，两位衣着优雅的男士伴其左右。[1] 他们是来玩轮盘赌的。与其他豪赌玩家不同，他们拒绝了许多发放给大额玩家的免费补贴。[2] 不过他们的专注得到了回报——那一晚上，他们赢了10万英镑。虽然这并非小钱，但按丽兹的标准来看仍不足为奇。第二天晚上，他们又来了，还是玩轮盘赌。这次他们可赢了一大笔钱——三人带走了

120 万英镑。[3]

赌场员工开始起疑。待三人一走，保安就开始查看录像，看完后立刻就报警了。这三人没过多久就在离丽兹酒店不远的一家酒店里被捕了。[4] 三人均被控诈骗。据早先的媒体报道，他们用了一台激光扫描仪来分析轮盘赌赌桌。测量结果被输入一台隐藏的微型计算机，然后由计算机预测出小球最终会落在哪里。神秘装置与迷人女郎的混搭，无疑是个好故事，但是所有报道都漏掉了一个关键细节：没人能解释清楚这个装置怎样记录小球的运动，以及随后计算机又是如何将其转化为成功的预测的。毕竟，轮盘赌不是随机游戏吗？

庞加莱的三级无知

对付轮盘赌的随机性有两种方法。亨利·庞加莱（Henri Poincaré）对这两种方法都饶有兴致，这是他的诸多兴趣之一。[5] 20 世纪早期，基本上所有跟数学相关的东西，都多少受益于庞加莱的兴趣。他是最后一位名副其实的全才，此后的数学家没有一位能像他那样涉足众多领域，并在研究过程中发现不同领域之间的关键联系。

在庞加莱看来，轮盘赌这样的事件，其结果看上去很随机，是因为我们不知道其原理。[6] 他提出，我们可以根据不同水平的无知来分类问题。如果我们知道一个物体的准确初始状态，比如位置和速度，以及它遵循的物理定律，那么要解决的就是教科书介绍的那类物理问题。庞加莱把这叫作一级无知：掌握所有需要的信息，只需进行简单的计算。二级无知则指的是，我们知道物理定律但不知道事物的准确初始状态，或者无法准确地测量其初始状态。在这种情况下，要么改进测量方法，要么就只能将对事物状态的预测限制在很小的范围内。三级无知则是最广泛的无知：我们既不知道事物的初始状态，也不知道它们所遵循的物理定律。当定律过于复杂、无法彻底解开时，人们也会陷入三级无知。试想，将一罐颜料倒入泳池，很容易就能预测游泳者的反应，但预测单个颜料分子和水分子的运动就困难多了。[7]

不过，还可以采用另外一种方法：尝试确定分子互相碰撞的效果，而不用研究它们相互作用的细枝末节。如果将所有粒子作为一个整体进行观察，就会发现它们会先混合一起，然后经过一段时间，颜料均匀地分散在泳池各处。你无须知道具体原因——因为太过复杂，我们也能说出最终结果。

轮盘赌也是一样，小球的轨迹取决于一系列因素，只通过观察旋转的轮盘，是很难把握这些因素的。正如单个水分子一样，如果不知道小球运动轨迹背后的复杂原因，就无法对单次旋转结果做出预测。但是，根据庞加莱的建议，我们不需要知道是什么原因让小球停在了最终的位置，我们只需要观测很多次旋转，再来分析最终的结果即可。[8]

这正是 1947 年阿尔伯特·希布斯（Albert Hibbs）和罗伊·沃尔福德（Roy Walford）所做的事。希布斯那时正在攻读数学学位，他的朋友沃尔福德则是一名医学生。他们在芝加哥大学读书时，抽空去了趟赌城里诺（Reno），想看看轮盘赌是否真如赌场所认为的那样，结果完全随机。[9]

大多数轮盘赌赌桌都保留了原来的法国设计，即一共有 38 个球袋，编号为 1 至 36，颜色黑红交替，还有 0 和 00 这两个颜色为绿色的球袋。0 和 00 号球袋的存在对赌场有利。如果我们在中意的数字上连续下注 1 美元，共下注 38 次，按平均 38 次押中 1 次的概率计算，你押中时，你能从赌场赢到 36 美元。因此，在 38 次旋转中，我们将下注 38 美元，但平均只能得到 36 美元的回报。这意味着下注 38 次，你最终将损失 2 美元，平均每次下注损失约 5 美分。

赌场的优势取决于轮盘产生每个数字的机会是均等的。但是，同其他任何机器一样，轮盘赌赌桌可能有缺陷或因长时间使用而磨损。希布斯和沃尔福德找的就是这种产生的数字不再均匀分布的桌子。如果一个数字比其他数字出现得更频繁，他们就可能因此获得优势。他们反复观看轮盘的旋转，希望能发现些不寻常的地方。这就引出了一个问题：两人所说的"不寻常"到底是什么意思？

轮盘赌并非运气游戏

当庞加莱在法国思考随机性的起源时，在英吉利海峡的另一边，卡尔·皮尔逊（Karl Pearson）正在用抛硬币来度过暑假时光。假期结束时，这位数学家已经把 1 先令抛了 25 000 次，并认真记录每一次的结果。这项工作大部分是在室外完成的，皮尔逊说："毫无疑问，这让我在所住的社区声名狼藉。"除了用先令来做试验，皮尔逊还找了一位同事把 1 便士抛了 8 000 多次，并反复从袋子里抽取奖券。[10]

为了理解随机性，皮尔逊认为重要的是收集尽可能多的数据。正如他所说，我们"没有关于自然现象的绝对知识"，只有"我们的感觉知识"。[11]皮尔逊并没有止步于抛硬币和抽奖活动。为了收集更多数据，他将注意力转向了蒙特卡洛的赌桌。

和庞加莱一样，皮尔逊也是一位博学多才之人。除了对概率感兴趣，他还写剧本和诗歌，并研究物理学和哲学。皮尔逊是英国人，曾经四处游历。他尤其热爱德国文化：当德国海德堡大学的行政人员不小心将他的名字写成 Karl 而不是 Carl 时，他还将这一新的拼写保留了下来。[12]

很可惜，他计划的蒙特卡洛之旅看起来不太可能成行。他知道，打着对法国蒙特卡洛的赌场进行"研究访问"的名头来募得资金，几乎是不可能的。但也许他并不需要亲眼去观察赌桌。原来，一份名叫《摩纳哥报》（*Le Monaco*）的报纸每周都会发布轮盘赌的结果记录。[13] 皮尔逊决定关注 1892 年夏天为期 4 周的结果。他先观察了红色和黑色结果的比例。如果一个轮盘被旋转无数次，而且忽略 0 号球袋，他可以预测红色与黑色的总比例接近 50/50。

在《摩纳哥报》刊出的大约 16 000 个旋转结果中，红色占 50.15% 。为了确定这一差异是否出于偶然，皮尔逊计算了观测的旋转结果偏离 50% 这一概率的次数。然后他将其与轮盘是随机情况的预期变化进行比较。他发现，这 0.15% 的差异并不算特别不寻常，不足以让人怀疑轮盘旋转结果的随机性。

红色和黑色出现的次数可能相似，但皮尔逊也想测试其他东西。接下来，他观察同一种颜色连续出现多次的频率。赌徒们对这种连续好运痴迷不已。例如，1913 年 8 月 18 日晚上，在蒙特卡洛的一家赌场里，轮盘赌小球连续十几次落入黑色区。人们围挤着桌子，看接下来会发生什么。[14] 小球应该不可能再落入黑色区了吧？随着轮盘旋转起来，人们把钱押在了红色上。结果小球再次落入了黑色区。于是，人们将更多的钱押到了红色上，但这一次小球还是落入了黑色区。一次又一次，小球都落入了黑色区。最终，小球连续 26 次落入黑色区。如果轮盘的旋转结果是随机的，那么每次的旋转都与之前的旋转完全无关。因此，小球连续落入黑色区不会增加它落入红色区的可能性。然而，那天晚上，赌徒们却坚信小球连续落入黑色区会增加接下来落入红色区的概率。这种心理偏差后来被称为"蒙特卡洛谬误"（Monte Carlo fallacy）。

| 蒙特卡洛谬误 | 也叫赌徒谬误，是一种错误的信念。它指的是人们会认为随机序列中一个事件发生的概率与此前发生的事件有关，从而低估了"坏运气"再一次降临的可能性。 |

当不同颜色连续出现的次数与假设轮盘旋转结果完全随机时，皮尔逊将不同颜色出现的频率进行比较，发现有些事情看起来不对劲了。一种颜色连续出现 2 次或 3 次的情况比它们应该出现的次数少。而间隔颜色，也就是"黑红黑"这类情况出现的次数却太多了。皮尔逊计算了在轮盘赌的结果真的是随机的情况下，能观察到与这个结果一样极端的情况的概率。这个他称之为 p 值的概率非常小，小到皮尔逊说，即使从地球诞生起就盯着蒙特卡洛的牌桌看，也无法想象会出现如此极端的结果。他认为这是轮盘赌并非"运气游戏"的确凿证据。

这一发现激怒了他。他本希望轮盘赌是一个良好的随机数据来源，所以自然对这一巨型赌场实验室产生不可靠的结果而感到愤怒。"科学家可以自豪地预测抛硬币的结果，"他说，"但蒙特卡洛轮盘赌击败了他的理论并嘲笑他的定律。"[15] 鉴于轮盘赌显然对自己的研究毫无用处，皮尔逊建议关闭赌场并将赌场资产捐赠给科学机构。然而，人们后来发现，皮尔逊得到的奇怪结果并不是因为轮盘有问题。虽然《摩纳哥报》付钱让记者们去轮盘赌赌桌前观察并记录结果，但这些记者认为直接捏造数字更省事。[16]

与那些游手好闲的记者不同，希布斯和沃尔福德在里诺之行中，实实在在地观看了轮盘赌赌局。他们发现 1/4 的轮盘都有些偏斜。其中有个轮盘格外偏斜，所以，他们选择在这个轮盘上下注100 元"启动资金"，并很快赢到很多筹码。对他们最终收益的报道各不相同，但不管到底是多少，肯定足够买一艘游艇在加勒比海上航行一年了。[17]

有很多关于赌徒成功使用类似路数的故事。许多人都讲过维多利亚时代的工程师约瑟夫·贾格尔（Joseph Jagger）利用蒙特卡洛的偏斜轮盘发了大财的故事，还有一个阿根廷团队在 20 世纪 50年代初期把国有赌场扫荡一空的故事。[18] 我们可能会认为，多亏了皮尔逊的试验，发现这些有问题的轮盘并不难。但是找到一个偏斜的轮盘并不等于能赚大钱。

1948 年，一位名叫艾伦·威尔逊（Allan Wilson）的统计学家在为期 4 周的时间里，每天 24 小时不间断地记录下了轮盘赌的结果。当他利用皮尔逊试验来确定每个数字出现的概率是否相同时，发现轮盘明显是偏斜的。然而他仍不清楚应该如何下注。当威尔逊公布他的数据时，他向喜欢下注的读者发出了挑战。[19] 他问道："你在决定押某个轮盘赌数字时，依据的统计基础是什么？"

解决方案 35 年后才出现。数学家斯图尔特·埃西尔（Stewart Ethier）终于意识到，奥秘不在于找到一个非随机的轮盘，而在于找到一个下注时对己方有利的轮盘。即使我们观察大量的轮盘旋转并找到实际证据表明在 38 个数字中，有一个数字比其他数字更常出现，也未必能大赚一笔。该数字必须在每 36 次旋转中至少出现一次，才会对我们有利；否则，我们仍然可能输给赌场。

在威尔逊的轮盘赌数据中，最常见的数字是 19，但埃西尔通过试验发现，没有证据表明押这个数字长期来看有利可图。虽然很明显轮盘转动的结果并不随机，但似乎没有任何数字占据优势。埃西尔知道，对大多数赌徒来说，自己的方法可能来得太晚了：希布斯和沃尔福德在里诺大获全胜之后的那些年里，偏斜轮盘已逐渐消失。但轮盘赌也并未能长久地立于不败地位。

等待完全随机

当我们因为原因太复杂而无法理解，从而处于最深层的无知时，我们唯一能做的就是看看是否能在大量事件中发现某种模式。我们知道，如果轮盘有偏斜的话，这种统计学方法可以成功。在对轮盘赌旋转的物理过程一无所知的情况下，我们还是可以预测可能发生的事情。

但假如轮盘没有偏斜，或我们没有足够的时间来收集大量数据呢？在丽兹酒店获胜的三人并未通过观看大量旋转来识别存在偏斜的赌桌，他们观察的是小球绕着轮盘移动时的轨迹。这意味着不仅要逃离庞加莱所说的三级无知，也需要逃离他所说的二级无知。

这可不是个小成绩。即使我们把决定小球旋转的物理过程分离出来，也无法预测它会在哪里停下。这种情况与油漆分子入水的情况不同，并不是原因太复杂而无法掌握。相反，是原因太过微小而无法确定：球的初始速度的细微差异会对其最终落脚的位置造成巨大的影响。庞加莱认为，小球初始状态的差异可能会导致最终结果的差异大到我们无法忽视的程度，但正是由于初始状态差异又小到无法引起我们的注意，于是我们认为结果只是偶然出现的。

这个问题被称为"对初始条件的敏感依赖"，意味着即使我们收集了一个过程的详细测量结果，无论是轮盘赌的旋转还是热带风暴，我们未注意到的微小事件都可能会产生无法忽视的重大结果。数学家爱德华·洛伦茨（Edward Lorenz）在某次演讲中问道："巴西的一只蝴蝶扇动翅膀，是否会在得克萨斯州掀起一场龙卷风？"孰料在此 70 年前，庞加莱就已经为世人勾勒出了"蝴蝶效应"的概貌。[20]

洛伦茨的研究最终发展成了主要用于预测的"混沌理论"。他的初衷是希望做出更好的天气预测，并找到一种方法来预测未来更长时间内的天气情况。而庞加莱对相反的问题感兴趣：一个过程要花多长时间才会变得随机？轮盘赌小球的路径真的会变得随机吗？

　　轮盘赌给了庞加莱启发，但他在对更大规模的轨迹进行研究时才真正取得了突破。19世纪，天文学家已经勾勒出小行星在黄道上的大致分布。他们发现，小行星在夜空中的分布是很均匀的。庞加莱想弄明白为何如此。

　　他知道小行星的运动遵循开普勒定律，且初始速度不可知。正如庞加莱所说："黄道可以被看作一个巨大的轮盘赌赌桌，上帝朝上面扔了无数个小球。"[21] 为了理解小行星的模式，庞加莱决定比较一个假定物体围绕某点旋转的总距离与旋转次数。

　　设想你在平面上展开一卷超长、超光滑的墙纸，然后在上面放上一颗弹珠，让它沿着纸面滚动。接着你再放上一颗弹珠，让它沿着纸面滚动，多次重复这一过程。有些弹珠你让它滚得快些，有些滚得慢些。因为墙纸是光滑的，滚得快的弹珠会迅速滚远，而滚得慢的则沿着纸面缓缓前进。

　　弹珠不断滚动，每隔一段时间就用相机拍下它们的当前位置。为了标记它们的位置，在每个小球所在位置对应的纸边切个小口。然后拿走弹珠，把纸重新卷起来。如果你查看纸边的切口，会发现它们出现在圆周上任意位置的概率是相同的。出现这种现象是因为，纸张的长度——弹珠可以滚动的距离，远远大于纸卷的直径。

弹珠前进的总距离的小小改变就能对圆周上切口的位置造成巨大影响。如果你等待足够长的时间，这一对初始条件的敏感依赖会导致切口的位置随机分布。庞加莱向人们展示了同样的事情也发生在小行星轨道上。随着时间推移，它们将在黄道上均匀分布。

对庞加莱来说，黄道和轮盘赌赌桌不过是同一理论的两个例证。他认为，在足够多次之后，小球的最终位置将是完全随机的。他还指出，坚持对某些选择进行投注会比其他选择更早表现出随机性。因为轮盘上的红色和黑色区域是交替出现的，预测小球会落入哪一颜色区域就意味着计算小球停住的准确位置。即使只是转了一两次后，做出这样的预测也会变得极其困难。其他选择对初始条件就不那么敏感了，比如预测小球会停在赌桌的哪一侧。多次旋转之后，结果就变得完全随机了。

对赌徒来说，好消息是，小球并不会旋转很长时间。（尽管有传言说数学家帕斯卡在研发永动机时发明了轮盘赌，但这只是传言。）结果就是，赌徒理论上可以通过测量小球的初始路径避开庞加莱所说的二级无知。他们只需要弄清楚如何进行测量即可。[22]

不是统计问题，而是物理问题

在丽兹俱乐部里发生的事并不是赌球追踪技术第一次出现。在希布斯和沃尔福德利用里诺的偏斜轮盘大赚一笔的 8 年后，爱德华·索普（Edward Thorp）坐在加州大学洛杉矶分校的一间公共休息室里，跟同学讨论快速致富的路数。那是个灿烂的周日午后，这群人激烈地争论着如何击败赌场。当听到有人说赌场的轮盘基本上毫无破绽时，索普灵机一动。索普刚开始读物理学博士，他意识到，要击败一个稳健而维护良好的轮盘，不是一个统计问题，而是一个物理问题。正如索普所说："沿着轨道滚动的小球突然变得像在优雅、精确且可预测的路径上运动的行星。"[23]

1955年，索普找到了一个只有正常尺寸一半大小的轮盘赌赌桌，然后开始用相机和秒表分析旋转现象。他很快意识到，这个轮盘存在很多问题，几乎不可能做出有效的预测。不过他坚持了下去，尽其所能地研究了这个物理问题。有一次，索普甚至忘了去给来吃晚餐的亲戚们开门。最终，他们发现他在厨房的地板上滚弹珠，通过实验来研究它们分别能滚多远。

完成博士学业后，索普去了美国东部，在麻省理工学院工作。在那里，他认识了该校的学术巨头之一克劳德·香农（Claude Shannon）。10年来，香农开创了信息论领域，革命性地改变了数据存储和传输的方式。这些工作成果后来为航天活动、手机和互联网奠定了基础。

索普跟香农讲了轮盘赌预测的实验，于是香农提议两人一同在自己离市区不远的房子里继续研究。当索普走进香农家的地下室时，他才知道香农有多么热爱各种小装置。这个房间就是个发明家的游乐场。香农拥有的这些马达、滑轮、开关和齿轮应该价值 10 万美元。他甚至有一双巨大的苯乙烯"鞋"，用来在附近的湖面上漫步，连邻居们都被惊动了。不久，索普和香农就在这一装置库中加入了价值 1 500 美元的行业级轮盘赌赌桌。

由于大多数轮盘赌轮盘的运行方式，赌徒们在下注之前就能收集小球轨迹的信息。荷官把逆时针旋转的轮盘的中心设置好后，顺时针掷出小球，让它沿着轮盘的上缘滚动起来。小球转了几圈后，荷官喊道"买定离手"（也有些赌场喜欢用带点儿法国风情的喊法 rien ne va plus）。最终，小球会撞到散布在轮盘边缘的挡板上，然后掉进球袋里。用数学家的话来说就是，小球的轨迹是"非线性"的：输入（速度）并不与输出（停留位置）成正比。换句话说，索普与香农最终还是陷入了庞加莱所说的三级无知。

由于不想陷入推导小球运动的方程式的泥潭，他们决定借助之前的观察结果。他们通过实验来观察在特定速度下小球能在轨道上运行多长时间，以此来进行预测。在一次旋转中，两人记下小球绕桌一周的时间，再与他们之前的结果对照，来预测小球何时撞到挡板。

计算需要在轮盘赌赌桌上完成，所以在 1960 年年底，索普和香农制造了世界上第一台可穿戴计算机，并把它带到了拉斯维加斯。他们只测验了一次，因为发现线路并不可靠，需要频繁地维修。即便如此，这台计算机看上去依然将成为一件利器。由于这个设备会让赌徒们占上风，所以香农认为，一旦两人的研究走漏风声，赌场就将废弃轮盘赌。这样，保密成为头等大事。索普回忆道："他说，研究流言传播的社交网络学者声称，即使在美国随机选择两个人，这两个人也可通过三个或更少的熟人产生关联，也就是三度分隔理论（three degrees of seperation）。"

由于社会学家斯坦利·米尔格拉姆（Stanley Milgram）在1967年做的那个广为人知的实验，六度分隔理论（six degrees of seperation）得以成为流行文化的一部分。这个研究是让参与者帮忙投递一封信给目标收件人，他们可以寄给任何可能认识收件人的熟人。[24]在信件最终抵达目标收信人手中之前，平均经过了6人之手，六度分隔理论就这么诞生了。不过后续的研究显示，可能香农的三度分隔理论更贴近事实。2012年，分析 Facebook 联系人（真实熟人关系的绝佳映射）的研究者发现，两个人之间的平均人际分离是3.74人。[25]显然，香农的担忧是有道理的。

六度分隔理论	20世纪90年代由哈佛大学社会学家斯坦利·米尔格拉姆提出。简单来说，它的内容是：你和任何一个陌生人之间所间隔的人不会超6个，也就是说，最多通过6个人，你就能够认识任何一个陌生人。

混沌理论与"善魔"

快到 1977 年年底时，纽约科学院举办了关于混沌理论的第一次重要会议。他们邀请了拥有各种背景的研究者，其中包括数学家詹姆斯·约克（James Yorke），正是他首创了"混沌"这个词来描述类似轮盘赌或天气这种有秩序但无法预测的现象。

生态学家罗伯特·梅（Robert May）也在与会者之列，他在普林斯顿大学研究种群动态。

其中一位与会者是加州大学圣克鲁兹分校的年轻物理学家罗伯特·肖（Robert Shaw）。[26] 他的博士课题是研究流水的运动，但这并不是他唯一在做的项目。他正在跟几位同学一起研究击败内华达赌场的方法。他们自称"善魔"（Eudaemons）①，以向古希腊哲学的幸福主义（eudaemonism）致敬。他们在轮盘赌上击败赌场的尝试成为该领域的传奇。

罗伯特·肖等人的项目开始于 1975 年年底。硕士生多因·法默（Doyne Farmer）和诺曼·帕卡德（Norman Packard）买了一台翻新的轮盘赌赌桌。他们俩在当年的夏天一直在摆弄各种投注系统，

---

① "善魔"是指善良的精灵、守护神。——编者注

最终决定选择轮盘赌。尽管香农提醒过索普，但索普还是在自己的一本书中隐晦地提及轮盘赌是有破绽的。书中这顺口一提已经足以让法默和帕卡德坚信，轮盘赌值得进一步研究。两人在学校的物理实验室里彻夜工作，逐步揭开了轮盘旋转的奥秘。通过在小球绕轮盘旋转时进行测量，他们发现能够收集足够的信息来投注赚钱。[27]

"善魔"成员托马斯·巴斯（Thomas Bass）后来在《幸福派》（*The Eudaemonic Pie*）一书中记录了他们的战绩。他描述他们去了好几家赌场，将调试过算法的计算机藏在鞋里，预测小球的路径。但是巴斯在书中没有介绍一条信息，那就是构成"善魔"预测方法的基础方程式。

大部分对投注感兴趣的数学家都听说过"善魔"的故事。但仍有人怀疑他们的预测方法是否可行。直到 2012 年刊登在《混沌》（*Chaos*）杂志上的一篇关于轮盘赌的新论文，表明终于有人把这种方法付诸实践了。[28]

迈克尔·斯莫尔（Michael Small）第一次读到《幸福派》时，正在南非的一家投行工作。他不是个赌徒，也不喜欢赌场，但他对鞋里的计算机感兴趣。他的博士研究是分析非线性动力学的系统，而这正是轮盘赌所属的类别。[29] 10 年后，斯莫尔去了亚洲，在中国香港理工大学工作。他跟工程学院的同事谢智刚（Chi Kong Tse）都认为，制造一台轮盘赌计算机将是一个很好的本科生研究项目。

　　研究者这么久之后才开始公开测试这么一个广为人知的轮盘赌策略，着实有点离奇。不过，拿到轮盘赌轮盘并非易事。赌具并不在大学采购清单里，所以研究机会有限。皮尔逊没有找到愿意资助他的蒙特卡洛之旅的人，所以只好依赖不靠谱的报纸，而如果没有香农的赞助，索普也很难完成他的轮盘赌实验。

　　轮盘赌的数学基础也影响了人们对它本身的研究。这并不是因为它涉及的数学知识太复杂，而是因为太过简单。学术期刊的编辑对科学论文的类型是很挑剔的，用基础物理学在轮盘赌中击败庄家并不是他们会选择的主题。虽然偶有关于轮盘赌的文章发表，比如索普那篇描述他自己的方法的论文，但尽管索普透露了很多信息，让包括"善魔"成员在内的读者相信计算机预测是可行的，他却没有介绍具体细节，也没有给出关键的计算过程。

　　斯莫尔和谢智刚最终说服学校，采购了轮盘赌赌桌，马上着手研究再现"善魔"的预测方法。他们首先把小球的轨迹分为三个阶段（见图 1-1）。当荷官转动轮盘时，小球先沿着上缘旋转，而轮盘中心朝反方向旋转。在这段时间里，两个相反的力作用在小球上：向心力让小球保持在边缘，重力则将它拉向轮盘中心。

　　他们认为，小球在滚动时会因摩擦力而减速。最终，小球的角动量急剧减少，重力成为主导力。这时，小球进入了第二阶段。它离开了边缘，并在边缘和挡板中间的轨道上自由滚动。它逐步接近轮盘中心，直到撞上分布在轮盘边缘的挡板。

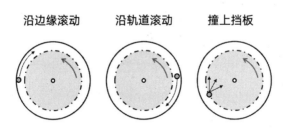

沿边缘滚动   沿轨道滚动   撞上挡板

图1-1　轮盘上的小球旋转的三个阶段

　　到这里，小球的轨迹都还能用教科书上的物理定律计算。但一旦撞上挡板，它有可能朝任何方向滚动，然后掉进其中一个球袋。从投注的角度看，小球离开了一个容易预测的世界，进入了一个真正混沌的阶段。

　　斯莫尔和谢智刚本可以用统计方法来处理这一不确定性，但简单起见，他们决定把预测定义为预测撞上挡板时小球旁边对应的数字。为了预测小球在哪个点会撞上其中一块挡板，斯莫尔和谢智刚需要6个信息：小球和轮盘各自的位置、速度和加速度。幸好，如果换一个角度来看待轨迹，这6个测量需求可以被简化为3个。对一个轮盘赌赌桌的观察者来说，小球与轮盘是彼此朝反方向旋转的。但从"小球视角"来计算也是可行的，也就是只需要测量小球相对于轮盘的旋转数据。斯莫尔和谢智刚用秒表来记录小球经过每个具体位置的时间。

　　一天下午，斯莫尔开始一系列实验来测试这个方法。在笔记本电脑上写好算法后，他把球滚动起来，手工记录必要的测量数据，正如"善魔"当时做的那样。小球沿着边缘转动十几次后，他收集到了足够的信息来预测小球的落点。在不得不离开办公室之前，他一共做了 22 次实验。其中有的预测出了正确的结果数字。如果是随便乱猜，他能猜对至少相同次数（p 值）的概率低于 2%。这让他确信"善魔"的策略是可行的。看来，利用物理学真的能够在轮盘赌中击败庄家。

　　手动测试过这个方法后，斯莫尔和谢智刚架设了一台高速摄像机来更精确地测量小球的位置数据。摄像机以每秒 90 帧的速率拍摄轮盘的旋转，这样就能知道小球撞到挡板后发生了什么。在两位工程系学生的帮助下，斯莫尔和谢智刚旋转了轮盘 700 次，并记录了他们的预测与最终结果的差异。把这些信息收集到一起后，他们计算了小球落在与预测袋口特定距离的位置的概率。对大多数袋口来说，这个概率既不大也不小，跟随机掉进某个袋口的结果差不多。不过确实出现了一些模式。小球掉进预测袋口的次数远多于完全随机的情况。而且，小球很少落进紧邻预测袋口的前一个袋口。这倒也合乎逻辑，因为小球需要弹回才会掉进袋子里。

　　摄像机显示了在理想情况下，即掌握小球轨迹的完备信息时发生的事，但大多数人不大可能把一台高速摄像机搬进赌场。所以他们只能手工记录数据。斯莫尔和谢智刚发现这也并非劣势：他们认为用秒表做出的预测依然能够给赌徒们带来 18% 的预期利润。

宣布了研究结果后，斯莫尔收到了去真实赌场实践的赌徒的短信。斯莫尔说："有一个人把他的详细操作方法发给了我，包括他绑在脚趾上、用鼠标改造的'点击器'的照片。"这一研究也引起了多因·法默的注意。他是在佛罗里达驾驶帆船时听说斯莫尔和谢智刚的论文的。[30] 法默把自己的方法束之高阁将近 30 年，因为他跟斯莫尔一样讨厌赌场。作为"善魔"成员时的内华达之旅，更是让他看清了赌徒们如何被这个行业榨干。如果人们想用计算机在轮盘赌中击败庄家，他不想说出任何可能让赌场重获优势的信息。但是当斯莫尔和谢智刚的论文发表后，法默认为是时候打破沉默了。因为"善魔"的方法和斯莫尔两人的方法存在重大差异。

在斯莫尔和谢智刚的假设中，摩擦力是导致小球减速的主要作用力，但法默并不这么认为。他发现空气阻力而非摩擦力才是小球减速的主要原因。[31] 事实上，法默指出，如果把轮盘赌赌桌放置在一个真空的房间中，小球会绕赌桌旋转数千次才会停在一个数字前。

与斯莫尔和谢智刚的方法一样，法默的方法也需要在赌桌上估算一些特定值。在"善魔"成员的赌场之旅中，他们需要确定的是三样东西：空气阻力、小球离开轮盘边缘时的速度以及轮盘减速的速度。[32] 最大的挑战之一是估算空气阻力以及下降速度。它们对预测的影响是类似的：阻力越小，速度就越快。

　　了解小球发生了什么也很重要。外部因素对物理过程可能会产生巨大影响。我们以台球为例。如果桌面完全光滑，台球被撞击后的弹射路线会像一张蛛网一样。要预测母球几秒后会出现在哪里，你需要准确地知道它被撞击的过程。[33] 但如果你想做出更为长期的预测，法默及其同事指出，只知道撞击本身是不够的。你还需要考虑其他力，如万有引力（不仅是地球重力）。要预测母球 1 分钟后会出现在哪里，你甚至需要在计算中将银河系边缘的粒子引力考虑进去。

　　做轮盘赌预测时，获得赌桌状态的准确信息至关重要。甚至天气的改变都可能影响结果。"善魔"发现，如果他们以圣克鲁兹晴朗时的天气来校准算法，那么在浓雾天，小球将比他们预期的早半圈离开轨道。其他干扰则对结果的影响更大。在一次赌场之行中，法默不得不放弃投注，因为一个体重较重的人靠在赌桌上导致轮盘的倾斜，搅黄了预测。

　　不过对他们来说，最大的阻碍是技术设备。他们践行投注策略的方法是，一个人负责记录旋转，另一个人负责投注，这样就不会引起赌场保安的疑心。通过无线信号可以向拿着筹码的玩家传递信息，告诉他选择哪个数字。但是这个系统经常失效，因为信号经常会丢失。尽管从理论上说，他们相较赌场有 20% 的优势，但这些技术问题意味着这种方法永远无法转化为巨额财富。

　　随着计算机性能的提升，一批人设计出了更好的轮盘赌设备。除了 2004 年在丽兹俱乐部大赚一笔的三人组以外，这些人通常鲜为大众所知。因此，各家媒体格外迅速地抓住了激光扫描仪的故事。但是当记者本·比斯利-穆雷（Ben Beasley-Murray）几个月后采访业内人士时，他们认为三人组没有使用激光扫描仪。[34] 他们可能是用手机来给轮盘计时的。基本方法与"善魔"使用的方法一样，但技术进步意味着这种方法可以更高效地使用。曾为"善魔"一员的诺曼·帕卡德称，准备好这套设备并不难。[35]

　　它也完全合法。尽管丽兹三人组被指控骗取财物（盗窃的一种），但他们并没有作弊。没有人对小球动过手脚或者更换过芯片。被捕 9 个月后，警方结案并归还了被没收的 130 万英镑。从各种意义上说，三人组能带走这笔钱要感谢英国的老古董赌博法——1845 年颁布的《赌博法案》（The Gaming Act）并未及时更新以应对赌徒的新招数。

　　遗憾的是，法律不只给了赌徒优势。你与赌场未付诸文字的协议，即选择正确数字即可获得回报，在英国并没有法律约束力。如果你赢了之后，赌场耍赖，你没法把它告上法庭。赌场喜欢不断输钱的赌徒，却厌恶带着必胜策略而来的赌徒。无论你使用什么策略，你都得躲开赌场的反制措施。

　　当希布斯和沃尔福德在里诺通过搜寻偏差赌桌获利超过 5 000

美元后，赌场不断打乱赌桌来阻击他们。[36] 即使"善魔"不需要盯着赌桌很长时间，他们依然需要时不时从赌场仓促撤离。

从规律到随机

除了会引起赌场保安的注意，成功的轮盘赌策略还有其他共同点：它们都建立在赌场确信轮盘的旋转结果无法预测的基础上。如果轮盘的旋转可以预测，那些盯着赌桌够长时间的人就可以利用轮盘的偏斜。如果轮盘完美无瑕，结果数字完全均匀分布，那么只要赌徒收集了足够多的小球轨迹信息，依然可以利用这一点占据优势。

成功的轮盘赌策略的演化反映了概率科学在 20 世纪的发展。早期击败轮盘赌的努力在于逃离庞加莱所说的三级无知，即逃离对物理过程一无所知的状态。皮尔逊的研究则是纯粹的统计研究学，意在发现数据的模式。后来人们在赌局中牟利的尝试，包括丽兹俱乐部事件，则采用了不同的路径。这些策略尝试克服庞加莱所说的二级无知，解决的问题是：赌局结果对轮盘和小球的初始条件的敏感依赖。

对庞加莱而言，轮盘赌只是一个用来展示他的思想的途径：简单的物理过程可以逐渐陷入随机状态。这一思想成为混沌理论的重要部分，并在 20 世纪 70 年代促成了一个全新的学术领域的诞生。这期间，轮盘赌一直隐藏在背景中。事实上，很多"善魔"成员后续都发表了关于混沌系统的论文。罗伯特·肖的其中一个课题就是：只要将原本以稳定速度滴水的水龙头拧松一些，滴水的速度就会变得无法预测。这就是最早的"混沌转变"——一个进程从规律模式转变为随机模式在日常生活中的例子。人们对混沌理论和轮盘赌的兴趣没有消退。这个话题依然能够激发大众的想象，正如2012年媒体对斯莫尔和谢智刚的论文表现出的广泛兴趣一样。

轮盘赌也许是一个诱人的智力挑战，但它并非最容易或者最可靠的赚钱方式。首先，赌场就有赌桌限制。"善魔"玩的是小筹码，这让他们能够保持低调，但也局限了他们的潜在赢面。去高额筹码的赌桌玩可以赚更多钱，但也会引发保安的额外审查。其次，投注涉及法律问题。轮盘赌计算机在很多国家都是被禁的，即使没有被禁，赌场也自然也会对使用它们的人心怀敌意。这也让赢钱变得更加困难。

因此，轮盘赌只是科学投注故事中的一小部分。自"善魔"的鞋中计算机问世以来，赌徒们忙于与其他投注游戏角力。与轮盘赌一样，诸多其他类型的投注游戏也长期享受着不可战胜的盛名。同样，人们也在用科学方法来证明这一盛名何其虚妄。

THE PERFECT BET

02
蛮力攻击，
兼具随机性与平衡性的彩票游戏

THE PROBLEM OF HOW TO CONSTRUCT
SOMETHING THAT IS BOTH RANDOM AND
BALANCED ARISES IN MANY INDUSTRIES,
INCLUDING AGRICULTURE AND MEDICINE.

在构建某样东西时，如何兼顾随机性和平
衡性，是包括农业和医学在内的许多行业
需要思考的问题。

THE
PERFECT
BET

在剑桥大学的各个学院中，冈维尔与凯斯学院历史悠久程度排名第四，富有程度排名第三，诺贝尔奖得主人数排名第二。[1]它也是每晚提供三道菜正式晚餐的少数学院之一。这也意味着大多数学生最后对学院的新哥特式晚宴厅和独特的彩色玻璃窗熟悉至极。

其中一扇窗户上画着 DNA 双螺旋结构，目的是向曾就读于该学院的弗朗西斯·克里克（Francis Crick）致敬。另一扇窗户上画着三个交叠的圆圈，以致敬英国数学家约翰·维恩（John Venn）。窗玻璃上还画着一个棋盘，其中每个方格的颜色仿佛是随机的，这是为了纪念现代统计学奠基人之一的罗纳德·费歇尔（Ronald Fisher）。

　　获得冈维尔与凯斯学院的奖学金后，费歇尔在剑桥大学求学三载，主修进化生物学。[2] 他毕业于第一次世界大战前夕，一心想要在英国陆军服役。尽管他多次参加体检，但每次都因视力不佳而没能通过。结果，整个"一战"期间，他都在英国的几家顶级私立学校教授数学，并在业余时间发表了些许学术论文。

　　"一战"临近尾声时，费歇尔开始寻找新的工作机会。他可以选择加入卡尔·皮尔逊的实验室，担任首席统计学家。费歇尔对此兴趣不大，因为前一年皮尔逊刚发表了一篇文章批评他的研究。费歇尔对此仍然耿耿于怀，没有接受这份工作。

　　最终，费歇尔选择去罗森斯得实验站（Rothamsted Experimental Station）工作，开始进行农业研究。费歇尔不只对实验结果感兴趣，还希望通过设计使实验达到最佳效果。他说："实验结束后再去咨询统计学家，就像让他去做尸检一样。他能说的恐怕就是实验因何而死。"[3]

　　让费歇尔犯难的是如何在一次实验中在一小块土地上同时进行各种作物实验。在较大的地理区域内进行药物实验时，同样的问题又出现了。比较几种不同的实验方案时，我们需要确保这些实验会在一个很大的区域内开展。但是如果我们随机选择地点来开展实验，那么有可能会重复选中同一地点。这样的话，一种实验方案最终只在一个地点得以应用，在这种情况下，实验结果注定会不理想。

假设我们需要在由 4×4 网格构成的 16 个实验地点测试 4 种实验方案，要如何在这片区域分配实验方案才能避免它们全部集中在同一个地点的情况呢？费歇尔在其里程碑式作品《试验设计》（*The Design of Experiment*）中提出，每种实验方案应该在每行每列都只出现一次。如果土地一边肥沃一边贫瘠，那么每种实验方案也都覆盖了所有的土壤条件，随后费歇尔提出的模式也在其他领域流行开来。这种模式在古典建筑中很常见，被称为拉丁方阵（Latin Square），见图 2-1。

C	D	B	A
B	A	D	C
D	C	A	B
A	B	C	D

A	A	B	D
A	B	D	B
A	C	D	C
D	C	C	B

图2-1　拉丁方阵（左）和糟糕方阵（右）

冈维尔与凯斯学院的玻璃窗上画的就是一个拉丁方阵的大型版本，只不过把代表每种方案的数字换成了色块。除了在古老的晚宴厅中收获敬意，费歇尔的这种设计理论今时今日仍被广泛应用。在构建某样东西时，如何兼顾随机性和平衡性，是包括农业和医学在内的许多行业需要思考的问题。彩票游戏同样如此。

彩票的设计初衷就是要让玩家输钱。它最初是一种讨喜的税收形式，常用来为大型建筑项目募资。于1753年组织发行的彩票收益为大英博物馆的建设提供了资金；[4] 很多常春藤大学的建立也有赖于各殖民地政府发行彩票所获得的利润。[5]

现代彩票由几种不同的游戏组成，刮刮卡就是其中一个利润可观的项目。在英国，国家彩票公司1/4的收入来源于此，[6] 而在美国各州发行的彩票的销售收入也高达数百亿美元。[7] 面对高达数百万美元的奖金，彩票运营商会非常小心地限制中奖卡的数量。他们不能随机把数字印到覆膜下，因为这可能导致奖金超过他们的支付能力。如果随意地将中奖卡分配到各地也不明智，因为这可能会导致所有"幸运卡"都集中在某座城市。刮刮卡需要随机性来保证游戏公平，但运营商又需要调整游戏，以避免出现过多中奖者，或某地出现过多中奖者的局面。按统计学家威廉·戈塞特（William Gossett）的说法就是，他们需要"受控的随机性"。[8]

发现彩票的漏洞

对莫汉·斯里瓦斯塔瓦（Mohan Srivastava）而言，刮刮卡遵循某种规律的想法起源于一份开玩笑的礼物。2003年6月，有人送给他一堆卡，包括一张井字格刮刮卡。他刮开覆膜，发现三个符号连成一条线，于是中了3美元。这让他开始思考彩票公司如何记录不同的奖项。[9]

斯里瓦斯塔瓦是多伦多的一位统计学家，他怀疑每张卡都有一个可以识别是否中奖的代码。他一直对破解密码饶有兴趣，而且认识英国数学家比尔·图特（Bill Tutte）[10]。图特在 1942 年破解了纳粹的洛伦茨密码，这被视作"第二次世界大战期间最伟大的智力成就之一"。[11] 在去当地一个加油站领奖的路上，斯里瓦斯塔瓦开始思考彩票公司是如何分配井字格刮刮卡的中奖卡的。他对编写类似的算法经验颇丰。他曾做过矿业公司的顾问，帮他们寻觅黄金矿床。高中时，他甚至为完成作业写过计算机版本的井字格游戏。[12] 他注意到每张刮刮卡的覆膜都印着 3×3 的数字网格。也许，这些数字就是关键。

那天晚些时候，斯里瓦斯塔瓦又去加油站买了一大堆刮刮卡。仔细观察这些数字，他发现有些数字在一张卡上出现多次，有些则只出现一次。他查看了每一张刮刮卡，发现了一个现象：如果一行包含三个不同数字，通常意味着这是张中奖卡。这是个简单又有效的方法。挑战在于如何找到这些卡。

很可惜，中奖卡并没有那么常见。比如，2013 年 4 月 16 日清晨，一辆车撞开了肯塔基州一家便利店的大门。一个女人跳下车，抢走了一个放置着 1 500 张刮刮卡的陈列架后，开车扬长而去。几周后她被捕了，而她只中了 200 美元。[13]

尽管斯里瓦斯塔瓦有一个可靠且合法的方法去寻找到能赚钱的

刮刮卡，但这并不意味着他能将其变为一桩利润可观的生意。他算出了在所有刮刮卡中找出中奖卡所需的时间，意识到最好还是继续做目前的工作。虽然这一发现并不值得他改行，但他觉得彩票公司也许会对此感兴趣。他先是尝试打电话联系彩票公司，但对方没有回他电话，也许觉得他不过又是那种在投注时会耍点手段的赌徒而已。于是他把 20 张没有刮开的刮刮卡分为两组，一组标明是中奖卡，另一组标明未中奖，然后将它们寄给了彩票公司的安全团队。斯里瓦斯塔瓦在当天晚些时候就接到了彩票公司的电话。对方说："我们需要谈谈。"[14]

　　井字格刮刮卡很快就被从商店下架了。彩票公司的说法是，这种刮刮卡存在设计漏洞。不过从 2003 年开始，斯里瓦斯塔瓦研究了美国和加拿大的其他彩票，怀疑彩票公司仍在继续生产着同样漏洞的刮刮卡。

　　2011 年，在《连线》杂志对斯里瓦斯塔瓦的故事做了专题报道几个月后，有报道称，得克萨斯州出现了一位赢得了很多奖金的刮刮卡玩家。琼·金瑟（Joan Ginther）于 1993 年至 2010 年在得克萨斯州刮刮卡彩票上中了 4 次头奖，赢了 2 040 万美元。[15] 她只是运气好吗？尽管金瑟从未提过她数次中奖的原因，但很多人还是猜测她的统计学博士学位帮了大忙。

　　在科学思维面前变得脆弱的不只是刮刮卡。传统的彩票并不包含"受控的随机性"，但它们在擅长数学的玩家面前依然是不安全的。当彩票本身存在漏洞时，赢钱可能并不是什么难事。

兰登策略投资有限公司

即使在麻省理工学院这样与众不同的学校，校内的宿舍兰登堂（Random Hall）也以古怪而闻名。根据校园传说，1968 年最早住进这里的学生想要把它叫作"兰登屋"（Random House），直到同名的出版社给他们去信反对才作罢。[16] 这里的每层楼都有自己的名字。有一层名叫"命运"，住在这里的学生因为缺钱就在易贝（eBay）上把命名权给拍卖了[17]。结果一个男人出价最高——36 美元，然后他就用自己女儿的名字命名了这一层。这幢宿舍楼甚至拥有一个学生自建的网站，住在这里的人能够通过这个网站随时查看浴室或洗衣机是否空闲。[18]

2005 年，又一项计划在兰登堂的走廊里成形了。詹姆斯·哈维（James Harvey）就快完成数学系的学业了，需要一个最后学期的项目。就在寻找课题时，他对彩票产生了兴趣。[19]

1971 年，马萨诸塞州政府为了增加额外收入成立了马萨诸塞州彩票公司。彩票有几种不同的玩法，最受欢迎的是强力球（Powerball）和超级百万（Mega-Millions）。哈维觉得两个游戏的比较研究会是个好的课题。不过随着课题的进展，哈维很快开始

把暂时取得的结果与其他游戏进行比较，其中一个游戏叫金胜彩
（Cash WinFall）。

马萨诸塞州彩票公司于 2004 年秋季推出了金胜彩。与强力球
这种也在其他州发行的游戏不同，金胜彩是马萨诸塞州独有的。金
胜彩的规则很简单：玩家花 2 美元买一张票，可以选择 6 个数字，
如果它们和开奖数字完全相同，玩家便可赢得至少 50 万美元的头
奖；如果只有部分数字相同，便赢得少一些的奖金。彩票公司的设
计是，每 2 美元中，1.2 美元用于支付奖金，其余部分则用于当地
的公益事业。在很多方面，金胜彩和其他类型的彩票大同小异，但
有一点重要的不同。一般来说，如果没有人获得头奖，奖池中的奖
金便会持续累积。如果下次依然无人中奖，则奖金继续累积，以此
类推，直到最终有人买中全部数字。奖金滚动累积的问题就是，中
奖者非常稀少，而一旦中奖便能获得数额惊人的奖金，因此这些就
成了彩票运营商的绝佳宣传对象。如果在一段时间内，报纸上没有
出现中奖者的巨大笑脸与巨额支票的画面，大家就不会再玩了。

2003 年时，该公司就面临着这样的困境。超级百万已经一年
没有头奖赢家了。他们觉得金胜彩可以通过限制头奖避免这种尴
尬的情况。如果奖池达到 200 万美元还没有赢家，头奖就将滚降，
将多出的奖金分配给买中 3 个、4 个或 5 个数字的玩家。

每次开奖前，彩票公司都会基于之前开奖时的售票情况，发布

对头奖的预测。如果预测的头奖达到 200 万美元，玩家就会知道如果没人买中 6 个数字，奖金就会滚降。结果人们很快就发现，在滚降的那周投注，赢钱的概率远大于在其他时间投注，也就是预测头奖将滚降时，开奖前的彩票销量会飙升。

在研究彩票时，哈维意识到，在金胜彩上赚钱远比其他彩票容易。事实上，预期回报有时是正向的：当滚降发生时，每一张 2 美元的彩票，至少对应着 2.3 美元的奖金。

2005 年 2 月，哈维带领麻省理工学院的同学组成了一个投注团队，他们大约有 50 人，一共凑了 1 000 美元买入了第一批彩票。开奖后这些钱翻了 3 倍。后来的几年里，玩彩票成了哈维的全职工作。到 2010 年，他和一个团队成员开了公司，为了纪念麻省理工学院的老宿舍，他们将公司命名为 "兰登策略投资有限责任公司"（Random Strategies Investments）。

其他团队也开始行动了。一队是波士顿大学的生物医学研究者，另一队则由同样是数学系毕业生的杰拉德·塞尔比（Gerald Selbee）率领，他在其他地方的类似游戏中有过成功经验。2003 年，塞尔比注意到了密歇根州发行的彩票中的漏洞，它同样有滚降机制。于是，塞尔比组建了一个由 32 人组成的实力强大的投注团队，在 2005 年彩票停售前的两年时间里大笔买入彩票并屡中头奖。当塞尔比的团队听说了金胜彩后，他们就重点关注起了马萨诸塞州。

这些投注团队的涌入是不难理解的，因为金胜彩已成为全美国最赚钱的彩票。

2010 年夏天，金胜彩头奖再次接近了滚降的限额。8 月 12 日，当奖金高达 159 万美元而无人中奖时，彩票公司预测下次开奖的累计奖池金额约为 168 万美元。显然，再过两三次开奖后滚降就将发生，于是各个投注团队开始摩拳擦掌，他们准备在月底之前再赢数千美元。

可是滚降并未在两次甚至三次开奖后发生。它在下一周的 8 月 16 日就发生了。不知为何，彩票销量暴增，一下促使奖池突破了 200 万美元大关。销售热潮导致了滚降的提前发生。彩票公司的工作人员与大家一样惊愕，他们从来没有在头奖这么低的时候卖出过这么多的彩票。到底发生了什么？

金胜彩被引入时，彩票公司就想到过有人会通过大笔购买故意把开奖模式变成滚降模式的可能性。由于意识到彩票销量取决于预估的奖池中的金额以及可能的滚降，彩票公司不想因为低估奖金而被套牢。

他们计算过，如果一个玩家使用商店里的自动彩票机，可以随机生成任意号码的彩票，一分钟可以投 100 注。如果奖池目前不到 170 万美元，玩家需要购买超过 50 万张彩票才能使奖池突破

200 万美元关口。由于这将花费 80 多小时，所以彩票公司认为没有人能使奖池突破 200 万美元，除非累计奖池已经超过了 170 万美元。

麻省理工学院的团队可不这么认为。2005 年，当哈维刚开始研究彩票时，他去了彩票公司所在的布伦特里镇（Braintree）。他想要一份详细说明奖金分配方式的彩票设计指南。但那次他未能如愿，到了 2008 年，彩票公司终于把这种指南寄给了他，里面的信息对麻省理工学院投注团队成员来说宛如一剂强心针，因为之前他们都只能依靠自己的计算。

看了之前的开奖情况，他们发现如果奖池低于 160 万美元，那么经过估算，下次奖池几乎总是低于能够触发滚降的 200 万美元。其实，在 8 月 16 日这天使奖池超过阈值，是周密计划的结果。他们一方面等待适合的奖池出现，也就是接近但低于 160 万美元，一方面手工填写了 70 万份投注单。哈维事后说："我们花了大约一年时间来谋划此事。"[20] 付出得到了回报：那一周他们赚了 70 万美元。[21]

很可惜，这一获利没有持续太久。同年，《波士顿环球报》（Boston Globe）发布了一篇报道，介绍金胜彩的漏洞和以此获利的投注团队的故事。[22] 2011 年夏，马萨诸塞州监察长格雷戈里·沙利文（Gregory Sullivan）就这件事撰写了详细的报告。沙利文指出，麻省理工学院的投注团队以及其他团队的行为完全合法，并总结道："大规模投注并未影响到任何人的中奖概率。"不过很明显，少数人通过金胜彩赚得盆满钵满，于是这个游戏也逐步被淘汰了。

　　波士顿大学的投注团队告诉监察长，就算金胜彩没有被取消，投注团队也不可能一直获利。在滚降即将发生的几周内，会有更多人去购买彩票，所以奖金被稀释得越来越少。在亏损的风险增加的同时，潜在回报却在缩水。在一个竞争激烈的环境下，获得高于其他团队的优势才是核心。麻省理工学院团队靠的是对这个游戏更深入的理解：团队成员清楚概率和回报，以及己方到底占据多大优势。

　　不过，限制投注成功的因素不只是竞争，后勤因素也不可小觑。塞尔比指出，如果一个团队想要在滚降周最大化利润，就需要填写31.2万张投注单，因为这是"统计最佳点"。购买如此多的彩票，过程并不总是一帆风顺。售票机在天气潮湿时可能会卡票，缺墨时则运转缓慢。还有一次由于停电，麻省理工学院团队的准备工作被打乱了。而有些店铺则直接拒绝售票给团队买家。

　　还有一个问题就是如何存放和整理这些彩票。由于税务审计的需要，投注团队必须留存未中奖彩票，它们的数量往往高达上百万张。这还不算，找出中奖的彩票也很令人头疼。塞尔比说自从2003年开始玩彩票以来，大约赢了800万美元。[23]但每次开奖后，他和他的妻子每天不得不花费10小时从彩票堆中找出中奖的彩票。

击败彩票公司的蛮力攻击

投注团队早就开始使用买入大量数字组合的策略来击败彩票公司，这种方法被称作"蛮力攻击"（brute force attack）。最有名的案例之一是斯蒂芬·克林斯威茨（Stefan Klincewicz）的故事。他是一位会计师，在1990年制订了一个能够击败爱尔兰国家彩票公司的计划。克林斯威茨注意到，只需要不到100万英镑，就能买入覆盖所有可能组合的彩票，从而确保有一张彩票中奖。但是这一策略只有在累计奖池金额够大时才有意义。他一边等待出现高额的累计奖池，一边组建了28人的团队。在半年内，这个团队购买了成千上万张彩票。当彩票公司终于宣布将于1992年5月的公共假日开奖，对应地，奖池终于累积到了170万美元时，他们开始实施计划，选择在那些地点偏僻的彩票终端投注。

蛮力攻击　　一种黑客策略，指通过尝试所有可能的密码组合，直到找到正确的密码为止。

彩票公司注意到了短时间内购买行为的激增，于是通过关闭相关彩票终端来阻止他们购买，结果他们只买到了所有数字组合的80%。这无法确保中奖，但足以让幸运的天平向他们倾斜。开奖时，他们果然中了头奖。可惜，还有其他两位中奖者，所以他们只好跟别人分享奖金。不过，他们依然净赚31万英镑。

　　类似的简单的蛮力手段不需要太多计算就能完成。真正的阻碍在于买入足够多的彩票。从根本上说，这是人手问题而非数学问题，因此也就削弱了这一方法的排他性。轮盘赌玩家只需以智取胜，彩票投注团队则需要战胜其他同样想要赢得头奖的团队。

　　虽然竞争始终存在，但一些投注团队还是能够成功且合法地赢钱。他们的故事还展示出彩票与轮盘赌的另一个区别。很多投注团队都组建了公司，而不再是官方眼皮子底下的个体或小团队。这些人不仅有投资人，而且还纳税。这一对比反映了科学投注领域内的巨大变迁，曾经的个体行为已然产业化。

THE PERFECT BET

03
从实验室到蒙特卡洛的赌场，
最简单的解释往往最明智

IF YOU HAVE TO CHOOSE BETWEEN
SEVERAL EXPLANATIONS FOR AN OBSERVED
EVENT, IT IS BEST TO PICK THE SIMPLEST.
IN OTHER WORDS, IF YOU WANT TO
BUILD A MODEL OF A REAL-LIFE PROCESS,
YOU SHOULD SHAVE AWAY THE FEATURES
THAT YOU CAN'T JUSTIFY.

如果你要在几种可能的解释中选择一种来解释观察到的事件，最好选择最简单的那种。换句话说，如果你想要建立一个现实过程的模型，就应该剔除那些你无法解释的项。

THE PERFECT BET

比尔·本特（Bill Benter）是全世界最成功的赌徒之一。他的团队常驻中国香港，多年来依靠"赌马"已经赢得数百万美元。但是他刚开始时没有选择赌马，也没有选择体育赛事。

学生时代，本特在大西洋城的一家赌场看到一块告示牌，上面写着"专业算牌者禁止下注"。[1] 这一招并不起作用。看到告示牌上的话之后，他只有一个念头：算牌可以赢钱。时值 20 世纪 70 年代末，赌场在此前大约 10 年都在想方设法杜绝各类作弊策略。赌场的损失大多数应归咎于（或归功于）爱德华·索普。1962 年，索普在《击败庄家》（*Beat the Dealer*）一书中介绍了 21 点的赢钱策略。

虽然索普被誉为"算牌之父"，但完美的21点策略实际上诞生于军营之中。[2] 在《击败庄家》出版前10年，二等兵罗杰·鲍德温（Roger Baldwin）在马里兰州的阿伯丁试验场（Aberdeen Proving Ground）和战友们玩牌。有人建议玩21点，于是便开始介绍游戏规则。[3] 他们就基本规则达成了一致。每位玩家拿两张牌，庄家的牌一张是明牌，一张是暗牌。然后玩家可以选择要牌，以期总点数大于庄家的总点数，或是选择停牌，保持拥有点数不变。如果要牌后玩家的总点数超过了21点，就会"爆牌"，从而输掉赌注。

当玩家做出选择后，就轮到庄家做选择了。一位士兵介绍，在拉斯维加斯，如果庄家的总点数为17点或超过17点，那么他就必须停牌。鲍德温大为诧异。庄家也要遵守规则？在他参加过的私人牌局中，庄家是不受限制的。拥有数学硕士学位的鲍德温意识到，上述规则可以在赌场助他一臂之力。如果庄家是受到严格限制的，那就有可能找到一种能将胜率最大化的策略。

同其他所有赌场游戏一样，21点的规则设计也让赌场占了一点优势。尽管庄家和玩家看上去目标一致，都是通过抽牌拿到尽可能接近21点的点数，但庄家总是较占优势，因为玩家要先抽牌。如果玩家多要了一张牌，导致总点数超过了21点，那么庄家会直接赢得牌局。

看了些21点的案例后，鲍德温意识到，如果把庄家的明牌点数纳入考虑，他的赢面就会增加。如果明牌很小，那庄家就很有可能必须多抽几张牌，超过 21 点的风险就增加了。比如，明牌是 6，庄家就有 40% 的概率爆牌。[4] 明牌是 10，庄家爆牌的概率就会减半。所以，如果庄家的明牌是 6，鲍德温就可以选择停牌，以维持较低的点数，从而赢得牌局，因为依照规则，庄家很可能多抽了牌。

理论上，鲍德温按照这个思路很容易设计出一个完美的策略。但在实际操作时，他发现，由于 21 点牌面组合数量较多，因此光靠纸笔根本无法完成。更麻烦的是，赌场中玩家的选择并不仅限于拿牌或停牌。在现有两张牌的基础上再要一张牌时，玩家还可以选择加倍下注；而当玩家拿到了两张一样的牌时，还可以选择分牌，把这两张牌分成两手牌。

鲍德温不可能光靠手算来完成所有的计算工作，所以他求助了同是数学专业毕业生的威尔伯特·坎蒂（Wilbert Cantey）中士，询问自己能否使用基地的计算器。坎蒂对鲍德温的想法产生了兴趣，于是同意帮忙。[5] 在分析部工作的士兵詹姆斯·麦克德莫特（James McDermott）和赫伯特·梅塞尔（Herbert Maisel）也加入了进来。

当索普在洛杉矶研究轮盘赌预测时，鲍德温等人则利用晚上时间研究击败庄家的 21 点最佳策略。通过几个月的计算，他们终于做到了。但事实证明，他们的完美系统并非完美。梅塞尔后来说道："用统计学术语说就是，我们拥有的还是一个消极预测（negative expectation）。除非你特别走运，长期来看你还是会输。"[6] 即便如此，他们还是通过计算将赌场的优势削减到了 0.6%。而玩家如果只是模仿庄家的规则，即在牌的总点数到了 17 点或以上就停牌，那么输牌的概率为 6%。1956 年，四人发表了一篇名为《21 点最佳策略》（*The Optimum Strategy in Blackjack*）的论文，讲述他们的发现。[7]

论文发表后，索普已经计划好前往拉斯维加斯。这本来是他和妻子的惬意旅行，应该流连于餐桌而不是 21 点牌桌。但是就在他们出发前，加州大学洛杉矶分校的一位教授将鲍德温等人的研究成果告知了索普。[8] 十分好奇的索普记下了鲍德温等人的策略，带着它踏上了旅途。

一天晚上，索普来到赌场打算实践一番。他坐在牌桌边，仔细阅读记在一张小纸条上的内容，同桌的其他玩家都觉得他疯了。应该停牌时，他却拿牌；应该拿牌时，他却停牌。拿到不太好的牌时，他却加倍下注。庄家拿到更好的手牌时，索普却将自己更弱的对 8 给分牌了。他到底在想什么？

虽然索普的策略看似鲁莽，他却没有输光筹码。同桌的玩家一个个输光离场，索普却成功坚守着。在输掉带来的 10 美元中的 8 美元后，他终于离场。此次牛刀小试让他确信，鲍德温等人的策略比其他人的策略更为可行，于是他便开始思考如何改进这一策略。

为了简化计算，鲍德温假设发牌是随机的，52 张牌出现在牌桌上的概率是均等的。但是 21 点并没有这么随机。在轮盘赌中，每一次旋转都与上一次旋转无关，而 21 点却是有某种记忆的。时间一长，庄家就弄清了整桌牌的情况。

索普确信自己如果能记住上一次发了什么牌，就能据此预测接下来可能出现的牌。因为他已经拥有一个在理论上可以打平的策略，那么获知下一张牌的点数是大还是小就足以提高胜率。他很快发现，即使只是记住牌堆里 10 点牌的数量这样简单的策略就足以占据优势了。通过算牌，索普逐渐将 4 个阿伯丁士兵（后来被戏称为"阿伯丁四骑士"）的研究转化为一个赢牌策略。[9]

虽然索普玩 21 点赢了钱，但这并不是他总去拉斯维加斯的主要原因。他更多的是将 21 点视作为做学术研究而必须做的事。[10]当他第一次提到取胜策略存在时，人们的反响并不强烈。很多人对这个想法嗤之以鼻，就像他小试牛刀时其他玩家的反应一样。无论如何，索普的研究挑战了 21 点不可战胜的普遍假设。《击败庄家》这本书就足以证明索普的理论是正确的。

比尔·本特一直记得大西洋城的告示牌，所以当他在布里斯托大学做交换生时听说索普的书，立刻到当地的图书馆借了一本。本特从没读过这么棒的书。他说："它告诉我们，没有什么是不可战胜的。所谓赌场总是占上风的老话已经不成立了。"[11]回到美国后，本特决定休学一段时间。他离开位于俄亥俄州的克利夫兰大学，去了拉斯维加斯的赌场，开始把索普的系统付诸实践。[12] 这一决定让他得到了丰厚回报：在二十岁出头的年纪，本特每年会通过玩 21 点赚到大约 8 万美元。[13]

这期间，本特遇见了一个也通过算牌赚了一笔的澳大利亚人艾伦·伍兹（Alan Woods）。本特是中途离开校园直接去了赌场，伍兹则是在大学毕业后先接受了精算师训练。1973 年，他所在的公司受澳大利亚政府委托，计算这个国家首个合法赌场所具备的优势。[14] 这个项目让伍兹接触到了可以牟利的 21 点系统。在后面的几年里，他利用周末时间在世界各地挑战赌场，并赢到了钱。遇见本特时，伍兹已经是一位全职的 21 点玩家。但是对他们这样的成功赌徒来说，赚钱变得越来越难了。

当索普在书中公开自己的策略以后，赌场越来越精于发现算牌者了。除了需要聚精会神，算牌的一个大问题是：你需要看过大量的牌才有足够的信息来对牌堆里剩下的牌进行预测。在这段时间里，你没有太多选择，只能使用鲍德温的优化系统，投入少量的钱以控制损失。当最终认定接下来的牌对你有利时，你需要大量增加筹码来充分利用这种优势，而这会给寻找算牌者的赌场员工一个清晰的信号。正如一位专业 21 点玩家所说："学会算牌很容易，难的是学会如何全身而退。"[15]

在内华达州或任何其他地方，记下牌的点数并不违法，但这并不意味着索普及其策略在赌城会受欢迎。因为赌场都是私人地盘，他们可以禁止任何人进场。为了躲过保安，索普开始乔装打扮。[16] 由于赌场紧盯着投注模式的突变，赌徒们开始寻找玩 21 点的更好方法。

有迹可循

20 世纪早期的数学家大多都读过庞加莱的概率论著作，但是真正理解它的人并不多。[17] 埃米尔·博雷尔（Émile Borel）算得上一个真正能理解它的人，另一位是巴黎大学的数学家。博雷尔最感兴趣的是庞加莱的那个比喻：随机交互最终会稳定在均衡态，就如颜料入水的情况一样。

庞加莱把这一情况与洗牌过程做过比较。如果你知道一副牌的初始顺序，随机调换一些牌不会完全打乱这一顺序。因此，你对初始顺序的了解就派上用场了。随着洗牌的次数越来越多，这一了解就变得越来越没用了。就像颜料和水随着时间推移而混合，随着洗牌次数的增加，扑克牌的分布也逐渐变得均匀了，每张牌都可能出现在这副牌中的任何位置。

受庞加莱理论的启发，博雷尔找出了一种方法来计算扑克牌进入均匀分布状态的速度。在计算类似洗牌或化学反应的随机进程的"混合时间"时，人们仍会使用博雷尔的研究成果。[18] 这一成果也能帮助 21 点玩家解决一个越来越无法忽视的问题。

为了给算牌者制造麻烦，赌场开始使用多副牌——有时多达 6 副来洗牌，在发牌前把所有牌都洗一遍。因为这让算牌变得更为困难。赌场希望这样做能削弱玩家的优势。他们没有意识到这一变化也让有效洗牌变得更加困难。

20 世纪 70 年代，赌场常用"楔式洗牌"（dovetail shuffle）来混合扑克牌（见图 3-1）。这种洗牌法是把一副牌一分为二，然后把左右手的牌快速交叠在一起。[19] 在完美洗牌的情况下，左右手的牌会交替落下，那么其中的信息并未遗失：原来相邻的牌变成了相隔的牌。即使每一边的牌是随机落下的，仍有信息留存下来。

图3-1　楔式洗牌

资料来源：托德·克拉西（Todd Klassy）。

设想你有一沓 13 张牌，如果你用楔式洗牌法洗牌，那么选完牌后，扑克牌的顺序可能如图 3-2 所示。

A 2 3 4 5 6 7 8 9 10 J Q K

⇓

A 2 3 4 5 6 7   8 9 10 J Q K

⇓

A **2** 8 **3** 9 10 4 5 J 6 Q K 7

图3-2 13张牌的新顺序

这样洗过的牌顺序并没有完全被打乱，而是出现了两个清晰的上升数字序列（分别用粗体和正常体显示）。事实上，好几种扑克魔术的技巧就在于此：如果一张牌被放进一个按顺序排列的牌堆中洗上一两次，那么多出的牌肯定会凸显出来，因为它无法融入一个上升序列。

对于一副 52 张的牌，数学家已经证明庄家需要洗牌至少 6 次，才不会留下明显的模式。[20] 但是本特发现赌场很少会这么勤快。[21] 有些庄家只洗两三次牌，还有一些觉得洗一次就够了。

到了 20 世纪 80 年代初，玩家开始使用隐藏式计算机来记牌。他们通过按下开关来输入信息，当有利局面出现时，计算机会震动提示。[22] 对洗牌进行追踪意味着赌场使用多副牌也毫无影响。这也帮助玩家躲过了赌场保安的监察。如果计算机提示好牌将在下一手出现，玩家不用大幅加码即可获利。但对赌徒来说很遗憾，这一优势已经不复存在。1986 年后，在美国的赌场中，利用计算机辅助投注已被认定为非法。[23]

即便赌场没有严厉的打击技术手段，对伍兹和本特这样的玩家来说也存在一个问题。和索普一样，他们发现自己逐渐被全球赌场禁止入场。本特说："一旦你名声在外，世界就变得很小。"[24] 由于赌场不让他们玩，两人最后决定放弃 21 点。但他们没有离开这个行业，而是筹划着更大的游戏。

热门—冷门偏差

周三晚上的跑马地赛马场总是热闹非凡。它藏在中国香港岛的摩天大楼背后，建在一片沼泽地上。当天晚上，3 万名观众挤满了看台。欢呼声盖过了附近湾仔的引擎和鸣笛声。这些拥挤和嘈杂标志着有大量真金白银投注其中。赌马是跑马地生活的重要组成部分。2012 年，每个赛马日的平均投注金额是 1.45 亿美元。[25] 为了让你对此有个认知，我们不妨做个对比：就在同一年，肯塔基德比赛马比赛以 1.33 亿美元刷新了美国赛马投注金额的纪录。[26]

跑马地赛马场由香港赛马会运营，它还运营着位于九龙湾另一侧的沙田赛马场的周六赛事。香港赛马会是一个非营利性组织，并且在运营方面有着很好的口碑，所以赌徒们对赛事的公平性充满信心。[27]

香港的赛马投注按照"同注分彩系统"（pari-mutuel systems）来运作：赌徒们不再按照博彩公司设定的固定赔率投注，所有赌注进入一个池子，赔率取决于参与者在每匹马上押了多少钱。例如，假设有两匹马比赛，人们将 200 美元押在第一匹上，将 300 美元押在第二匹上。这些投注金额加起来就是总奖池。马场先扣除一定比例的服务费——在香港是 19%，所以如果总投注金额是 500 美元，那扣除服务费后，奖池中剩余 405 美元。然后他们把可能赢得的总金额除以在一匹马上投注的金额，从而算出每匹马的赔率，也就是投注 1 美元能得到的回报（见表 3-1）。

表3-1　赔率示例

	总投注金额（美元）	赔率
马1	200	2.03
马2	300	1.35

同注分彩投注法由巴黎商人约瑟夫·奥勒（Joseph Oller）发明，他也是红磨坊夜总会（Moulin Rouge）的创办人。为了得出准确的赔率，使用同注分彩系统进行投注需要频繁的计算。自1913 年以来，由于自动总额计算器的发明，也就是通常说的"赌

金揭示板"（tote board），这些计算变得简易了。赌金揭示板的发明人是来自澳大利亚的乔治·尤利乌斯（George Julius）。他本来想做的是一台投票计数器，但是政府对他的设计没有兴趣。尤利乌斯没有泄气，他对系统的计算机制进行了调整，改成了计算投注赔率，并把机器卖给了新西兰的赛马场。[28]

在同注分彩系统中，真正在博弈的是观众。无论哪匹马胜出，赛马组织者的进账都一样。赔率因此取决于投注者觉得哪匹马会有更好的表现。当然，选择赛马的方法也是多种多样的。他们可能会选择最近表现出色的马。它可能最近赢了好几次，或者在练习中表现得自信满满。它可能在特定天气状况下跑得特别好，或者有一位令人尊敬的骑手。它最近可能体重正佳，或者它正值盛年。

如果有足够多的人投注，我们可以预测同注分彩系统的赔率稳定在一个"公平"的数值上，从而反映这匹马的真实胜率。换句话说，投注市场是有效的，它集合了关于每匹马的所有零碎信息，没有漏掉什么额外信息从而给予某些人特别的优势。我们原本以为是这样，但其实并不是。

当赌金揭示板显示一匹马的赔率为 100 时，这意味着投注者认为它胜出的概率大概是 1%。不过好像人们对于一匹弱马的赢面总是过于乐观。统计学家比较了人们押在赢面不大的马身上的钱和实际赢回的钱，发现这些马获胜的概率通常远低于赔率给出的概率。相反，人们往往会低估热门赛马获胜的前景。

"热门—冷门"偏差（favourite-long-shot bias）意味着排名前列的赛马的胜率常常高于它们的赔率。但是，在它们身上投注并不一定是个好策略。因为在同注分彩系统中，马场也要抽成，这是一个需要克服的巨大障碍。算牌者只需改进"阿伯丁四骑士"这一让你基本能打平的方法就能赚钱，而买马的人却需要一个在马场抽走19%的情况下也能盈利的策略。[29]

热门—冷门偏差	体育博彩业有大量证据表明，相比于热门一方的赔率，冷门一方的赔率不成比例地低于公允赔率，这个现象无一例外地出现在赛马、足球、网球和其他小众体育博彩业中。

"热门—冷门偏差"值得注意，但也没那么严重。而且这一偏差并非一成不变，在不同马场中的严重程度并不相同。但它依然能告诉我们赔率并不是总是与赛马的胜率一致。就像21点一样，跑马地的投注市场对聪明的赌徒来说是有机可乘的。20世纪80年代，赌徒很明显极其有利可图。

最简单的选择往往是最好的

中国香港并非伍兹在赛马投注系统上的初次尝试。1982年，他和一群专业赌徒待在新西兰，希望发现那些有着错误赔率的赛马。很可惜，这一年成败参半。[30]

本特有着物理学背景，对计算机很感兴趣。所以针对跑马地马场的赛马，两人计划使用更加科学的方法。不过赢得赛马和赢得21点是两类不同的问题。数学能帮助我们预测赛马吗？

人们在美国内华达大学的图书馆中找到了答案。[31] 在一期商业期刊中，本特注意到加拿大阿尔伯塔大学研究者露丝·博尔顿（Ruth Bolton）和兰德尔·查普曼（Randall Chapman）所写的一篇文章。文章名为《在赛马场上寻找正向回报》（*Searching for Positive Returns at the Track*）。他们在开篇就暗示了后面20页的内容，文章写道："如果在形成投注赔率时，大众犯下了系统性且可察觉的错误，那么就可利用这种状况建立一个更胜一筹的投注策略。"之前发表过的策略主要集中在众所周知的赔率偏差上，比如"热门—冷门偏差"。博尔顿和查普曼则采用了一条不同的路径。他们利用一种方法来收集每匹马的可得信息，如获胜比例或平均速度，然后将其转化为对胜率的估算。本特说："这是一篇开启了亿万美元产业的文章。"[32] 那么，这到底是怎样操作的呢？

在蒙特卡洛玩了两年轮盘赌后，卡尔·皮尔逊遇见了一位名叫弗朗西斯·高尔顿（Francis Galton）的绅士。[33] 高尔顿是查尔斯·达尔文的表弟，有着这个家族对科学和冒险的一贯热爱。不过，皮尔逊很快发现了高尔顿的一些不同之处。

当达尔文提出进化论时，高尔顿曾认真研究过这个新领域，并且引入了一些至今仍可见其影响的结构和方向。如果说达尔文是一位架构师，那高尔顿就是一位探险家。像庞加莱一样，高尔顿乐于发表新见解，然后就转到其他领域。皮尔逊说道："高尔顿从来不等待那些追随者。他遥指一片新大陆给生物学家、人类学家、心理学家、气象学家、经济学家，然后便任由他们在闲暇时选择是否跟随。"[34]

高尔顿对统计学也很感兴趣。他视其为理解遗传生物过程的方法，这一课题让他沉迷多年。他还说服其他人一起研究。1875 年，高尔顿的 7 位朋友收到了他寄来的香豌豆种子，以及一份如何种植和采集后代种子并寄回的说明。[35] 有些人收到的是重一些的种子，有些人收到的则轻一些。高尔顿想看看亲代种子重量与子代种子重量有什么关联。

通过比较种子的不同大小，高尔顿发现如果亲代种子较小，那么子代种子比亲代种子要大，而如果亲代种子较大，那么子代种子比亲代种子要小。高尔顿把这一现象称为"回归中等"。后来，他在人类父母和子女的身高上发现了同样的规律。

当然，孩子的外表受很多因素影响。有些是可知的，有些则是隐蔽的。高尔顿意识到，说明每个因素的具体作用是不可能的，但是使用他的全新回归分析，他能知道某些因素的影响是否比其他因素的影响更大。例如，高尔顿注意到尽管亲代特征明显很重要，有时子代特征却能隔代遗传自祖代甚至曾祖代。高尔顿相信，每位祖先都对子代有部分遗传贡献，所以当他听说马萨诸塞州匹兹堡市的一个马匹饲养员发表了一张图可以解析他想描述的过程时，不觉喜出望外。这位名叫 A. J. 梅斯顿（A. J. Meston）的饲养员用一个方块代表子代，然后把它分为更小的方块，以展示每个祖先的遗传贡献。方块越大，贡献越大。亲代占据 1/2 方格，祖代占据 1/4 方格，曾祖代占据 1/8 方格，以此类推。高尔顿非常欣赏这种方法，于是在 1898 年 1 月特意写信给《自然》杂志，建议重印此图（见图 3-3）。[36]

图3-3　梅斯顿绘制的遗传贡献解析图

高尔顿花了大量时间来思考诸如子代大小这样的结果是如何受不同因素影响的，并且非常严谨地收集数据来支持这一研究。然而，他的数学知识有限，因此无法充分利用这些信息。在遇到皮尔逊时，高尔顿不知道如何精确地计算一个特定因素的改变对结果的影响。

高尔顿又一次指明了一片新大陆，而皮尔逊赋予了它数学的严谨性。两人很快开始把这个思想应用到遗传问题上。[37] 他们都把回归中等视为一个潜在问题：他们想知道一个社会该如何保证"高等"种族特征不会在后代中消失。在皮尔逊看来，通过"确保成员主要来自更优秀的家族"，就能够使种族得到优化。[38]

从现代人的视角看，皮尔逊有点自相矛盾。和很多同辈人不同，他认为男女的社会地位和智力水平都是平等的。但他又用统计学方法来论证某些种族比其他种族优越。他还宣称禁止雇用童工的法律让儿童变成了社会的负担。[39] 用如今的视角来看，这些观念令人反感，但是，皮尔逊的研究影响深远。在高尔顿于 1911 年过世后不久，皮尔逊在伦敦大学学院建立了世界上第一个统计学系。在高尔顿寄给《自然》的那幅图的基础上，皮尔逊发明了一个针对"多重回归"的方法：在有多个潜在影响因素的情况下，他找到了一种方法来确定每个因素与特定结果的关联。

回归分析为阿尔伯塔大学的研究者提供了赛马预测的基础。高尔顿和皮尔逊用这一方法来研究子代特征，博尔顿和查普曼则用它来分析不同因素对赛马胜率的影响。体重比最近胜出比例更重要吗？平均速度与骑手口碑相比，结果又如何呢？

博尔顿在很小的时候就初识了投注的世界。她说："当我还是个娃娃时，爸爸就带我去了赛马场。我的小手选中了最后胜出的赛马。"[40]虽然这么早就获得了成功，这却是她最后一次去赌马。20年后，她又开始挑选胜出的马了，只不过这次用的是可靠得多的方法。

赛马预测的想法诞生于20世纪70年代晚期，那时博尔顿还是加拿大皇后大学的学生。博尔顿想就关于"选择建模"的经济学领域进行深入研究，从而找到有关特定选择的收益与成本的描述。为了完成毕业论文，她与研究这个领域的查普曼合作。查普曼一直对投注很感兴趣，已经收集了一些赛马数据，于是两人一起研究如何将这些信息用于赛马结果预测。这个课题不仅是两人学术搭档的起点，也促使他们于1981年结为夫妻。

结婚两年后，博尔顿和查普曼向《管理科学》（*Management Science*）杂志递交了赛马研究的论文。那时，预测方法是热门课题，因此论文也受到了更严格的审核。博尔顿说："论文在审阅环节花了很长时间。"经过四轮审阅，这一研究论文终于在1986年夏天得以发表。

在论文中，博尔顿和查普曼假设一匹马的胜率取决于"素质"（quality），它是由几个测量结果综合而成的。其中一个因素是起跑位置。数值越低代表马起跑时越靠近跑道内圈，这会增加赛马的胜率，因为这意味着更短的奔跑距离。因此他们认为，回归分析会显示起跑数值的增大会带来素质的降低。另一个因素是赛马的体重。它对素质的影响就不太一目了然。体重的限制在有些赛事上会对肥马不利，但是快马往往体重更重。老派的赛马专家会对重要因素给出自己的观点，但博尔顿和查普曼不需要采纳这些观点：他们只需要让回归分析去完成这项困难的工作，告诉他们体重与素质的关联性。

在博尔顿和查普曼的赛马模型中，素质的测量取决于9个可能的因素，包括体重、最近比赛的平均速度以及起跑位置等。为了更好地描述不同的因素如何影响一匹马的素质，制作一个类似于高尔顿寄给《自然》杂志的图是个不错的主意。但是真实世界并不像图片那样简单。尽管梅斯顿的图显示了祖先和父母如何塑造了子代的特征，但这张图并不完整，因为不是所有东西都是遗传而来的。环境因素也会造成影响，而这些往往并不可见或不可知。而且，代表母亲、父亲和其他亲属的整齐的方格还有可能重叠：如果父亲有一个特定的特征，那么祖父和祖母也可能有。因此，你没法说每个人的贡献因素和其他人的完全独立。赛马也是一样。这样一来博尔顿和查普曼在进行赛马素质预测时，在9个与表现相关的因素之外又加入了一个不确定因素。它包含了对赛马表现的不可知影响，以及每场赛事不可避免出现的异常情况。

测出赛马的素质后，他们就把测量结果转化为对每匹马胜率的预测。他们先计算所有赛马的素质总和。每匹马的胜率与它的素质占比相关。

为了弄清哪些因素对预测有用，博尔顿和查普曼将他们的模型与 200 场赛马数据进行了比较。处理这些信息本身就是一项壮举，因为赛马结果存储在几十张计算机穿孔卡上。博尔顿说："当我拿到数据时，发现有整整一大盒子。我带着这个盒子到处跑了好多年。"把结果输入计算机也是个挑战：每场比赛都要花费一小时来输入数据。

在博尔顿和查普曼测试的 9 个因素中，他们发现平均速度是决定一匹马最终排名的最重要因素。体重似乎对预测并无影响。要么它是无关因素，要么就是它的影响被其他因素掩盖了，正如祖代对子代形态的影响可能被亲代的影响掩盖一样。

事实证明，那些影响最大的因素往往是我们意想不到的。在比尔·本特的模型的一个早期版本中，赛马之前参加的比赛数对预测结果有重要的作用。但是，对于为什么此前的比赛数如此重要，并没有确切的理由。有些赌徒也许会试图想出一个解释，但本特避免对特定原因进行猜测。[41] 因为他知道不同的因素很可能是重叠的。比起试图解释比赛数为什么重要，他更愿意花时间构建一个能够再现比赛结果的模型。正如搜寻存在偏斜的轮盘赌赌桌的赌徒一样，他不必知道精确的底层原因就可以做出不错的预测。

当然，在其他行业里，找出特定因素对结果的影响是很有必要的。高尔顿和皮尔逊研究遗传学时，健力士啤酒厂（Guinness brewery）正在试图改进他们的世涛啤酒（Stout）的保质期。这个任务被交给了威廉·戈塞特，他是位前途无量的年轻统计学家。1906年的整个冬天，他都在皮尔逊的实验室工作。[42]

投注团队无法控制赛马体重这样的因素，健力士却可以改变啤酒的配方。1908年，戈塞特运用回归分析来观察啤酒花对啤酒的饮用期限有何影响。没有啤酒花的话，健力士预计啤酒的保质期为12～17天，而加入适量的啤酒花可以使保质期延长数周。

投注团队并不关心特定因素为何重要，他们关心的是他们的预测有多准确。要检验预测结果，最简单的方法就是与刚分析完的比赛数据做个比较。但这并不是明智的做法。

在从事混沌理论研究之前，爱德华·洛伦茨在"二战"期间担任美国空军太平洋部队的天气预报员。1944年秋天，他的团队对西伯利亚—关岛航线的天气做出了一系列完美的预测——至少从飞这条航线的机组报告来看是完美的。洛伦茨很快意识到预测准确率如此高的原因。飞行员因为忙于其他任务，所以重复了天气预报中的信息，将其作为观察结果而已。[43]

就在投注团队通过数据对照来检验预测结果，以此来调整模型时，同样的问题出现了。事实上，建立一个看似完美的模型很简单。他们可以在每次比赛结果中加入一个表明哪一匹马会获胜的因素，然后对这些因素进行细微调整，直到模型的预测结果与每场赢得比赛的马匹完全一致。看上去他们得到了一个毫无破绽的模型，但其实只是把实际结果伪装成了预测结果。

如果投注团队要知道一个策略未来是否可行，就需要先看看它在预测新事件时的表现。因此，在收集过去比赛的信息时，投注团队把这些结果放到一边，用剩下的数据来评估模型中的因素，完成后再用刚才没使用的结果对预测情况进行检验，从而验证模型的实际效果。

与新数据进行对比的测试结果也确保了模型满足奥卡姆剃刀准则（Occam's razor）这一科学原则：如果你要在几种可能的解释中选择一种来解释观察到的事件，最好选择最简单的那种。换句话说，如果你想要建立一个现实过程的模型，就应该剔除那些你无法解释的项。关于奥卡姆剃刀准则，《直觉泵和其他思考工具》（*Intuition Pumps*）一书中有相关讲解。

奥卡姆剃刀准则　由 14 世纪英国逻辑学家奥卡姆提出的一个学习准则，可概括为"如无必要，勿增实体"，即"简单有效原理"。如果有众多理

论能够解释同一个问题，我们应该选择假设最少的那个。

将预测与新数据进行对比，能够帮助投注团队避免在一个模型中放入太多因素，但他们仍然需要评估一个模型够不够好。衡量预测准确性的方式之一，是使用统计学家所说的"判定系数"。系数的取值为 0 ~ 1，可被视为衡量模型解释能力的指标。系数为 0 意味着模型毫无用处，但投注者也可能在随机的情况下选中获胜马匹。系数为 1 意味着预测与实际结果完全一致。博尔顿和查普曼的模型的系数为 0.09。这比随机选择要好，但未能涵盖的东西依然很多。

部分原因在于他们使用的数据。他们分析的 200 场比赛来自 5 个美国赛马场。这意味着存在很多隐藏信息：赛马本应该在不同的条件下，在不同骑手的驾驭下与更多对手进行比赛。收集大量比赛数据可能解决一部分问题，不过仅靠 200 场数据还远远不够。但这一策略依然有可能生效，只要比赛条件少一些变数即可。

模型与预测

如果你想要组织实验来研究赛马，中国香港的赛马场可能是最佳范本。在一到两条赛道上比赛，你的实验室条件会保持很好的一致性。被试也不会差异太大：美国各个地方有成千上万匹赛马在全美参加比赛；中国香港只有一个大概 1 000 匹马的小池子。一年大概举办 600 场比赛，这些马彼此之间比了个遍，这就意味着你可以多次观察相似的事件，就像皮尔逊试图做到的那样。而且，不像蒙特卡洛及其懒惰的轮盘赌记者，中国香港有着大量公开的关于赛马及其表现的数据。

当本特开始分析香港的赛马数据时，他发现要进行准确预测至少需要 500 ～ 1 000 次比赛，否则就没有足够的信息来确定每个因素对赛马表现的影响程度，这也就意味着模型并不可靠。当然，如果模型预测了多于 1 000 场比赛，也不会大大提高预测的准确性。

1994 年，本特发表了一篇论文，描述了他的基础投注模型。[44]他在论文中列了一个表，将预测结果与真实比赛结果进行对照。结果看上去相当不错。除了零散可见的不一致之外，模型的预测结果非常接近真实情况。但是本特也特别声明了结果中藏着一个重要漏洞。如果谁想用这一预测去投注，结果会是灾难性的。

假设你捡到了一笔钱，想要用这笔横财买下一间小书店，则可以采用几种方法来达到目标。列一个你要购买的书店名单，你可以走访每一家书店，查看库存，询问管理情况，检查账目。你也可以跳过文书工作，只是坐在门口数数有多少顾客进门，又带着多少书离开。这相反的策略反映了进行投资的两种主要方法。深入研究一家公司被称作"基本面分析"，而观察其他人在一定的时间内对这家公司的看法被称作"技术分析"。[45]

博尔顿和查普曼的预测使用的是基本面分析法。这样的方法依赖良好的信息以及尽可能正确地筛选信息。专家的观点并未反映在分析中。其他人在做什么或选什么马是无关紧要的。这个模型忽略了博彩市场。它就像在真空中进行预测一样。

虽然对孤立的比赛进行预测也是可能的，但投注就是另一码事了。如果投注团队想要赚到赌马的钱，就必须战胜其他赌徒。这就是纯基本面分析行不通的地方。当本特将他用基本面模型做出的预测与公开赔率进行比较时，发现了一个令人担心的偏差。他用模型来发现"覆盖误差"，即那些比赔率暗示的胜率更高的赛马。如果他想战胜其他赌徒，就应该在这些赛马身上投注。但是当本特去看实际的比赛结果，这些"误差马"并未像预测显示的那样频繁获胜。看上去，这些马的真实胜率介于模型给出的概率与赔率暗示的概率之间。基本面分析这一方法显然遗漏了一些东西。

就算投注团队有一个好的模型，公众对赛马胜率的看法——赌金揭示板上的赔率，也并不是完全无关紧要的，因为并不是每个赌徒都基于公开的信息来选择赛马。有些人也许知道骑手的比赛策略或者赛马的进食和锻炼日程。当他们试图用这些独家信息套现时，揭示板上的赔率就被改变了。

正确的方法是将模型与反映在赌金揭示板赔率上的赌徒的看法这两种专业资源结合起来。本特推崇这种方法。他的模型一开始还是忽略公开赔率的。第一批预测就仿佛不存在投注这回事一样，然后再将这些预测与公众意见进行融合。每匹马的胜率平衡了模型中的胜率与当前赔率给出的胜率。天平可以向任意一边倾斜，看哪边能让组合预测最接近实际结果。找到正确的平衡点，一个准确预测就能变为赚钱的利器。

伍兹和本特刚抵达香港时，他们没能立即取得成功。第一年本特主要在建立统计模型，伍兹则在利用"冷门偏差"来赚钱。他们带着 15 万美元来到亚洲，两年时间不到，就一分不剩了。投资人也对他们的策略不感兴趣。伍兹后来说："大家不相信这个系统，即使有 100% 的利润也不愿投资。"[46]

到了 1986 年，事情有了转机。在编写了数十万行程序代码之后，本特的模型已经变得有效了。它们还收集到了足够多的比赛结果，生成了不错的预测。两人用这个模型来选择赛马，当年就赚到了 10 万美元。

第一个成功赛季后，两人就因为意见分歧而分道扬镳了。[47] 不久后，伍兹和本特分别成立了投注团队，一直在香港竞争。尽管伍兹后来承认本特的团队有更好的模型，但双方的利润在后续几年里都在飙升。

香港的几个投注团队现在都用模型来预测赛马结果。因为马场要拿走一份，光靠选中胜者这样的简单赌局很难赚钱。因此，投注团队将目投向更加复杂的赌局。其中就包括三重彩（trifecta）：赌徒需要按顺序押中第一到第三的马才算赢。还有3T彩（triple trio），也就是连续赢3个三重彩。尽管这些奇特的赌局回报丰厚，但容不得多少失误。

博尔顿和查普曼的原始模型有一个缺陷，那就是它假设所有赛马的不确定程度都是一样的。虽然这让计算变得更简单，但与实际情况差别较大。为了形象说明这个问题，不妨设想有两匹马，一匹非常稳定，总是用差不多的时间完成比赛，另一匹则成绩浮动，有时比第一匹马更快冲过终点，有时则慢得多。结果是，两匹马完成比赛的平均时间一样。[48]

如果这两匹马都去比赛，它们的胜率是相同的，结果跟抛硬币差不多。但是如果多匹马一起比赛，每匹有着不同程度的不确定性呢？如果一个投注团队想要准确选中前三名，就需要把这些差异考虑进去。多年来，即使是最好的赛马模型也无法做到。但在过去10年间，投注团队终于找到了一种方法，来预测有着不同程度不确定性的赛马的比赛结果。这并不仅仅是因为计算机算力的增加，还用到了很久以前由一群研究氢弹的数学家提出的概念。

洛斯阿拉莫斯实验室的数学家

1946 年 1 月的一个晚上，斯坦尼斯瓦夫·乌拉姆（Stanislaw Ulam）睡觉时头疼欲裂。当他第二天早晨醒来时，已经失去了说话能力。他被紧急送往洛杉矶医院，外科大夫们在他头骨上钻了个孔。他们发现他的大脑因为感染而严重发炎，为了延缓病情，他们用青霉素来治疗裸露的组织。[49]

乌拉姆出生在波兰，于 1939 年 9 月纳粹入侵波兰几周前逃离欧洲到了美国。他是一位数学家，"二战"的大部分时间里都在洛斯阿拉莫斯国家实验室研究原子弹。战争结束后，乌拉姆来到加州大学洛杉矶分校，出任数学教授。这并非他的首选，只不过在听到洛斯阿拉莫斯国家实验室可能会在战后被关闭的传言后，他申请了好几所更著名的院校，但都被拒绝了。[50]

1946 年复活节前，经过手术后，乌拉姆完全康复了。住院期间，他有时间思考自己的选择，于是辞去了加州大学洛杉矶分校的工作，再次回到了洛斯阿拉莫斯国家实验室。政府非但没有关闭它，还在为实验室投入巨资。当时，它主要的任务就是制造一枚氢弹，这枚氢弹被称为"超级炸弹"。当乌拉姆到来时，仍有几个障碍没有解决，尤其是，研究者需要一个方法来预测一次引爆中的链式反应。这意味着要算出一颗氢弹里中子碰撞的频率，以及它们将因此释放多少能量。令乌拉姆沮丧的是，这无法使用传统的数学方法来计算。

乌拉姆不喜欢像数学家那样花几个小时反复琢磨一个问题。他的一位同事回忆起他在一面黑板上尝试解出二次方程的情景。"他全神贯注，皱着眉头，用很小的字书写公式。当他终于得出答案时，他转身松了口气说：'我觉得我已经完成了今天的工作。'"[51]

乌拉姆喜欢创造新的思想，技术细节则可以交给其他人补充。他并非只是用创新方法来解决数学难题。1943 年冬天，他在威斯康星大学工作时，突然发现好几位同事很久没来上班了。不久后，乌拉姆收到了一封邀请信，邀请他加入位于新墨西哥州的某个项目，信里并未说明项目的具体内容。感到好奇的乌拉姆去往大学图书馆，找来所有关于新墨西哥州的资料，最后他发现只有一本书是关于这个州的。当乌拉姆了解到最近谁借了这本书后，他说："我突然就明白了朋友们都到哪儿去了。"[52] 只需大概了解一下其他人的研究兴趣，他很快就明白了这些人正在沙漠里研究什么。

当氢弹计算进入了一系列数学死局后，乌拉姆想起了在他住院时思考的一个难题。术后康复时，他靠打单人纸牌来打发时间。在某一局中，他试图算出一个特定牌序出现的概率。面对必须计算大量可能的组合这种他一直试图避免的繁重工作，乌拉姆意识到，若是把牌翻开几次看看情况，也许计算速度会更快。如果他重复实验足够多次，也许会找到一个理想的求解方法，连一次计算都不需要。

中子问题是否能用同样的技巧来解决呢？乌拉姆把这一想法告诉了最亲近的同事之一——数学家约翰·冯·诺伊曼（John von Neumann）。他们认识已经超过 10 年。正是冯·诺伊曼建议乌拉姆在 20 世纪 30 年代离开波兰前往美国，也正是他在 1943 年邀请乌拉姆加入洛斯阿拉莫斯实验室。他们的组合很有趣，冯·诺伊曼身形较胖，穿着一尘不染的西装，而乌拉姆毫无时尚感，有着一双闪亮的碧眼。

冯·诺伊曼思维敏捷而富有逻辑，有时甚至有点儿直言不讳。有一次在乘火车旅行中他饿了，便让售票员把卖三明治的人叫来。对方对他的要求并不上心，说道："如果见到他，我会跟他说的。"冯·诺伊曼回答说："这列火车是一条直线，不是吗？"[53]

当乌拉姆说了他的单人纸牌想法后，冯·诺伊曼马上意识到它的潜力。他们找来名叫尼古拉斯·梅特罗波利斯（Nicholas Metropolis）的物理学家同事帮忙，一起构思出了一种方法，通过重复模拟中子碰撞来解决链式反应问题。该方法之所以可行，则要归功于洛斯阿拉莫斯最近构建的可编程计算机。由于他们都为政府机关工作，因此需要为新方法取一个代号。梅特罗波利斯建议把它叫作"蒙特卡洛法"（Monte Carlo method），以纪念乌拉姆那位好赌的叔叔。

因为这一方法涉及对随机事件的重复模拟，他们需要大量随机数。乌拉姆开玩笑说他们可以雇人来全天掷骰子。他的玩笑话也暗示了一个残酷的真相：生成随机数是一个非常困难的任务，而他们需要很多随机数。就算那些 19 世纪的蒙特卡洛记者如实记录了数据，卡尔·皮尔逊也很难为洛斯阿拉莫斯国家实验室的这些男士建立一个足够大的数字库。

冯·诺伊曼一如既往地创意无穷，想到了运用简单算术创造"伪随机数"的方法。尽管这种方法很容易实施，但冯·诺伊曼知道它存在缺陷，主要是因为它无法生成真正随机的数字。他后来开玩笑说："任何想用算术方法生成随机数的人都有原罪。"[54]

当计算机的算力增加，好的伪随机数也变得更易得后，蒙特卡洛法成为科学家们的有力工具。爱德华·索普甚至在《击败庄家》一书中使用蒙特卡洛模拟来制定击败庄家的策略。但在赛马比赛中，事情没那么简单。

在 21 点中，出现的纸牌组合就那么多，对手工算牌来说数量太多，但对计算机来说不是。相比之下，赛马模型则可能包含超过100 个因素。你可以把每个因素用无数方法微调，从而改变预测结果。仅仅是随机选择不同贡献因素的话，你不大可能碰巧得到最佳模型。每次你做出一次新的预测，它都有同样的概率成为最佳模型，因此这并非发现理想策略的最有效方法。理想的情况是每一次预测都比上一次更好。这意味着需要找到一种包含某种记忆形式的方法。

马尔可夫链蒙特卡洛法

20 世纪初，庞加莱和博雷尔并不是唯一一对洗牌感兴趣的研究者。安德烈·马尔可夫（Andrei Markov）是一位俄国数学家，才华横溢，脾气暴躁。[55] 他年轻时还有个绰号叫"愤怒的安德烈"。

1907 年，马尔可夫发表了一篇关于包含记忆的随机事件的论文，其中举的一个例子就是洗牌。正如索普几十年后注意到的那样，一副牌被洗过一次后的牌序取决于其初始牌序。而且，这一记忆是短暂的。为了预测下一次洗牌的结果，只需要知道现在的牌序即可，与几次洗牌之前的牌序信息无关。

由于马尔可夫的贡献，这一单步记忆被称作"马尔可夫性质"（Markov property）。如果随机事件被重复几次，则被称作"马尔可夫链"（Markov chain）。从洗牌到《蛇梯棋》（*Snakes and Ladders*），马尔可夫链在运气游戏中很常见，对寻找隐藏信息来说也很有用。

马尔可夫性质	指系统的下个状态只与当前信息有关，与更早之前的状态无关，即"无记忆性"。
马尔可夫链	亦称"离散时间马尔可夫链"，一种用于描述带有概率的事件序列。事件的概率只取决于前一事件的结果。

　　还记得至少需要 6 次楔式洗牌来彻底混合一套牌吗？提出这一结论的一位数学家是斯坦福大学教授佩尔西·迪亚科尼斯（Persi Diaconis）。在迪亚科尼斯发表洗牌论文的几年前，当地监狱的一位心理学家带着另一个数学难题来到了斯坦福大学。[56] 心理学家带上了一批从因犯那儿没收的编码信息。每个都是一大堆由圈、点和线构成的符号。

　　迪亚科尼斯决定把这个编码交给他的学生马克·科拉姆（Marc Coram）去解决。科拉姆怀疑这些信息使用的是替代密码（substitution cipher），也就是每个符号代表一个不同字母。难点在于弄清楚每个字母的位置。一个选择是试错法。科拉姆可以使用计算机来一次次打乱字母，查看得出的文本，直到得到一条有意义的信息。这就是蒙特卡洛法。它最终会破解密码，但这要花极长的时间。

　　舍弃每次开始新的随机猜测后，科拉姆选择使用打乱顺序的马尔可夫性质来逐步改进猜测。他需要一种方法来衡量一个特定猜测的真实性。他下载了一本《战争与和平》，尝试弄清不同的字母配对一起出现的频率。这让他算出了每个特定配对在一段给定文本中的常见程度。

　　在每轮猜测中，科拉姆随机交换密码中的几个字母，然后检查猜测是否有所改进。如果信息比之前的一组包含了更多真实的字母配对，科拉姆就继续用它进行下一次猜测。如果信息的真实性不如之前，那就换回之前的。但时不时他还是会坚持使用可能性更小的密码。有时最快的路径包含着看上去走向错误方向的一步。就像魔方一样，如果只采取不断推进的步骤，可能永远无法找到最佳排序。

把蒙特卡洛法和马尔可夫性质结合起来的想法，源于洛斯阿拉莫斯国家实验室。当梅特罗波利斯在 1943 年刚加入团队时，他正在研究同样困扰庞加莱和博雷尔的问题：如何理解单个分子间的相互作用。这意味着要求解描述分子碰撞的方程。要想使用当时的原始计算器来完成这个任务难度如登天，这实在令人沮丧。

经过多年努力，梅特罗波利斯及其同事意识到，如果他们把蒙特卡洛法的蛮力与马尔可夫链结合起来，就能推断由相互作用的分子构成的物质的性质。[57] 如果做出更准确的猜测，有可能逐步发现无法被直接观察到的值。这一被称作"马尔可夫链蒙特卡洛法"的技术，就是科拉姆后来用来破译监狱密码的方法。

马尔可夫链蒙特卡洛法	产生于 20 世纪 50 年代早期，是在贝叶斯理论框架下，通过计算机进行模拟的蒙特卡洛法。马尔可夫链蒙特卡洛法是一种蒙特卡洛算法，它可以用于从一个给定的概率分布中抽取样本。

科拉姆最终通过数千轮计算机辅助猜测破解了监狱密码。这比纯粹的蛮力方法要快多了。其中的一条信息揭示了一场囚犯斗殴的少见原因："拳击手不断发出吵闹的声音，所以我拜托他消停一会儿，因为我正在下棋。"

为了破译监狱密码，科拉姆必须用可观察到的字母配对来估计一系列未观察到的值（对应每个符号的字母）。在赛马中，投注团队面对的也是类似的问题。他们不知道每匹马的不确定性，或者每个因素对预测的贡献有多大。但是，将特定水平的不确定性和不同因素组合起来，他们可以衡量预测结果与实际结果的匹配程度。这一方法是经典的乌拉姆式方法。他们放弃写下和解决一系列几乎不可能求解的方程，而是让计算机来代劳这项工作。

马尔可夫链蒙特卡洛法帮助投注团队做出了更准确的赛马预测，也预测了利润可观的 3T 结果。[58] 但是赌徒们光找到优势并不能赚钱。他们还需要知道如何充分利用优势。

凯利公式里的答案

如果你押 1 美元赌硬币是反面，合理回报就是 1 美元。如果有人说硬币是反面的话，你将得到 2 美元，你因此获得了优势。你可以预期赚 2 美元和亏 1 美元的可能性各占一半，因此预期利润就是 0.5 美元。

如果有人让你加码这样一个有输赢不对等的赌局，你会投多少？全部的钱？一半的钱？投注太多，你就有可能会在依然只有50%胜率的事件上输光积蓄；若是投注太少，你就没法充分利用自己的优势。

索普构建出21点的赢钱系统后，把注意力转向了资金管理。在你相对于赌场具有一定优势时，最佳投注金额是多少呢？他在凯利公式（Kelly criterion）中找到了答案。这个公式以约翰·凯利（John Kelly）的名字命名[59]。他是得克萨斯州的一位物理学家，20世纪50年代曾跟克劳德·香农一起工作过。凯利认为，长期来看，投注的资金比例应为预期利润除以可赢得的总金额。

凯利公式　　凯利认为，长期来看，你应该投注的资金比例应该等于你的预期利润除以可赢得的总金额。

对于上述抛硬币的情况，凯利公式计算出的投注比例为预期回报（0.5美元）除以潜在赢钱总额（2美元），结果为0.25。也就是说，你应该投注可用资金的1/4。理论上，这部分金额既可以获得不错的利润，又可以控制亏钱的风险。在赛马比赛中投注时也可以使用这种计算方法。多亏了赌金揭示板，投注团队也能看见大众心目中这匹马的胜率。如果大众认为它的胜率比模型给出的要小，那么他们就有钱可赚了。

尽管凯利公式在 21 点中大获成功，但它还是有些缺陷，尤其是在赛马比赛中。首先，该公式会假设你知道事件的真实概率。尽管你知道硬币正面朝上的概率，然而赛马比赛中的事情却没那么直接明了：模型只能给出一匹赛马可能的胜率。如果投注团队高估了赛马的胜率，根据凯利公式给出的结果，就会让他们押上太多钱，增加了爆仓的可能性。若持续高估 1 倍，假如认为一匹其实只有 25% 胜率的赛马有 50% 的胜率，那最终会让你破产。[60] 因此，投注团队一般投注的金额会比凯利公式建议的少一些，通常只有 1/2 或 1/3。这减少了豪赌以及亏掉大部分乃至全部资金的风险。[61]

较小的投注金额可以帮助团队应对香港赌场的一种特殊情况。如果你认为押在特定的赛马上会带来巨大的预期回报，凯利公式会让你投入大量资金。在极端情况下，当你确信一个结果，你应该押上所有的钱。但是在同注分彩赌局中，这未必是一个好主意。一匹赛马的赔率取决于投注金额，所以投注的人越多，获胜后你得到的钱越少。

一笔巨额投注就能改变整个市场。例如，你比较了凯利公式给出的建议和现在的赔率，发现押某匹赛马可以获得 20% 的预期回报。投注 1 美元不会对总体赔率有太大影响，所以赢了的话你依然可以如预期那样赚到 0.2 美元。如果你有更多的钱，你的投注金额可能会超过 1 美元。凯利公式毫无疑问会让你这么做。但如果你押上 100 美元，会令赔率降低一些。所以，你实际的利润只有 19%。

不过你依然赚了 19 美元。

你也许决定玩一把大的，押上了超过 1 000 美元。这会显著地改变赔率。如果数千美元已经押在了这匹马上，这会让你的预期利润降到 10%，也就意味着将得到 100 美元的回报。最终，会出现一个临界点，在某匹马身上押更多钱，事实上却降低了利润。如果押上 2 000 美元的预期回报只有 4%，那你最好还是少押一些。

投注改变预期回报不是你要面对的唯一麻烦。上面所有的计算都假设你是最后一个投注的人，所以你知道公开赔率。但实际上，设计一个最优策略并没有那么简单。在赛马场上，赌金揭示板是有延迟的，有时长达 30 秒，这也就意味着，在你选中马匹之后，已经有更多投注加入了。

投注时，跑马地的总奖池可能会在 30 万美元左右，但当比赛开始时，至少还会再增加 10 万美元。投注团队在决定投注策略时，需要针对这一资金流入进行调整；否则，起初看起来会有巨额回报的策略，最后却可能落得收益平平。他们也没法假设多出的钱会被押到随机的赛马上。过去 10 年里，科学投注已经变得愈加流行，香港也有好几个投注团队在用模型来预测赛马了。这些团队很可能就是最后一分钟投注的那些幕后推手。比尔·本特说："晚入的钱更可能是聪明的钱。"[62] 因此投注团队们必须假设最坏的情况：其他团队也会押赢面最大的赛马，所以潜在利润将被更多人瓜分。

在香港的投注团队采用科学方法进行赌马之前，成功的策略极为罕见。现在的技术极为有效且持续盈利，最终像本特这样的团队对预测准确变得习以为常，都懒得庆祝了。[63] 本特的早期成功大部分要归功于香港赌徒们的独有场景。在跑马地，赌徒们根本不需要来到马场，他们只要打个电话就可以投注。这是本特和伍兹选择香港的主要原因。[64] 这去掉了多余的复杂因素，意味着他们可以集中精力改进他们的计算机预测，而不用担心会错过投注时间。兼具良好的数据可得性与活跃的投注市场，这让香港成为实施他们策略的绝佳之地。

其他人也渐渐发现了香港的魅力。结果就是，投注团队现在已经很难在赛马场上赚到钱了。中国香港赛马场的竞争越来越激烈，博尔顿和查普曼最早提出的理念已经传播到了其他地区，包括美国。在过去 10 年里，科学投注已经成为美国赌马的主要部分。据估计，使用计算机预测的团队每年在美国赛马场上投注 20 亿美元，占总投注金额的 20%。[65] 如果考虑到计算机团队无法参与几个大型赛马的投注，这一数额就更显得惊人。

投注团队也看上了其他国家的项目，比如瑞典的轻驾车赛马，在该比赛中，马匹会拉着两轮车座上的骑手绕着赛道跑。[66] 你可以将这一比赛想象成现代版的罗马战车赛，只是没有剑和披风而已。这些技术也在澳大利亚和南非的赛马场上日渐流行。起初只是为了进行学术研究而提出的想法，现在变成了一项全球化产业。

　　值得一提的是，组建一支依靠科学方法进行投注的团队并不便宜。只是集齐必要的技术和专业技能，还不算训练预测方法和投注流程，就需要花掉至少 100 万美元。因为投注策略实施起来价格不菲，美国的团队经常会寻找那些提供有利的投注条件的赛马场。有些赛马场注意到随着这些团队的巨额投注而暴涨的利润，会鼓励人们使用计算机投注。他们甚至和投注团队达成交易，如果投注团队投注的金额较大，可以给对方回扣。

　　这些困难意味着，虽然博尔顿和查普曼解决了赛马预测的难题，但他们从没有真正对博彩事业产生兴趣。看到实施策略所需的成本和组织后，他们很乐于留在学术界。博尔顿说："我们时不时会听说又有人赚了多少钱、公司规模变得多么庞大，我们会开玩笑说我们也可以，但投注这件事真的不适合我们。"[67]

　　因为在历史上，赌徒们预测结果的能力都是有限的，所以科学投注在赌马方面的成功格外引人注目。这一问题不只限于赌马。在体育或政治上，通常都很难获得必要的信息来建立可靠的模型。就算赌徒们经过努力做出了一个靠谱的预测，要实施这些策略也很麻烦。不过到了 21 世纪初，一切都发生了改变。

THE PERFECT BET

04
博士行家，
导致判断失误的偏差

WHEN IT COMES TO SCIENTIFIC SPORTS
BETTING, THE MOST SUCCESSFUL
GAMBLERS ARE OFTEN THE ONES WHO
STUDY GAMES OTHERS HAVE NEGLECTED.

在科学的体育博彩中，最成功的人往往是
那些研究被其他人忽视的比赛的人。

THE
PERFECT
BET

2006 年，当一个新的 21 点系统传到英国时，它的成功传闻已经在不知不觉中迅速传开了。[1]不再需要乔装或者算牌，甚至不需要去赌场就可以投注。确实，投注获得的利润只够买一品脱啤酒而不是顶楼大平层公寓，但是这个系统是可行的。它需要的只是一台计算机、大量空闲时间以及为了啤酒钱而做单调工作的意愿。学生们很喜欢它。

这一策略是政府几个月前通过的新《赌博法案》的产物。[2]新法案意味着英国公司现在可以像支持传统的体育博彩一样支持在线投注游戏了。在争夺新客户的热潮中，公司们开始提供注册奖励。投注 100 英镑可以免费获得 50 英镑，诸如此类的方案大行其道。初看起来，这种奖励似乎对 21 点没什么助益。在线上游戏中，赌场更容易确保随机发牌，算牌变得更不容易了。如果你使用"阿伯丁四骑士"的最优21点策略，做决定时也考虑了庄家的牌，长此以往你一定会亏钱。但是注册奖励让玩家重新获得了优势。人们意识到奖励会弥补亏损。如果采用理想策略，玩家可能会输掉100英镑中的一部分钱，但不会太多，一旦他们的投注金额达到了一定额度，就可以获得奖励。在可以提现之前，他们一般也需要把这些钱投进去。幸好，他们可以通过重复之前的方法来控制损失。

整个2006年，赌徒们从一个网站跳到另一个网站，通过大量的21点牌局来收集奖励。没多久后，博彩公司就开始打击这种被其称为"奖励滥用"的行为，将类似21点这样的游戏排除在注册奖励范围之外。尽管注册一个账号来获得奖励并不违法，事实上这也是注册奖励的目的所在，但有些赌徒把这种优势发挥得过于充分了。对于奖励滥用的首次定罪发生于2012年春天，伦敦人安德烈·奥西波（Andrei Osipau）因为使用假护照和假身份证开设多个投注账户而被判处三年有期徒刑。[3] 对那些在2006年合法经营的人来说，他们的利润远比奥西波据称赚到的8万英镑要少。尽管如此，这些榨取奖励的事实展示了赌徒们近年来获得的三个优势。

首先，在线投注的扩张意味着游戏和投注选择的范围要广泛得多。在真实的赌场中，新推出的游戏对赌徒来说往往是好消息。根据职业赌徒理查德·芒奇金（Richard Munchkin）的说法，赌场很少意识到他们引进新游戏时赌徒会获得多大的优势。[4] 2006年出现的 21 点的漏洞显示，在线投注也是一样的情况。当互联网介入后，成功策略的消息就传播得更为迅速。其次，赌徒们可以从容地利用一个有牟利潜力的系统。他们不用再躲避赌场保安或者去找投注登记人，可以直接在网上投注。不管是通过网站还是即时消息，投注比起从前都更快也更容易多了。最后，互联网让获得许多成功的投注秘诀的关键要素变得容易实现。从轮盘赌到赛马，可用数据的有限性决定了人们投注的场所与方式。但如今，这些限制已经逐渐退出历史舞台。结果就是，人们瞄准了一系列新型游戏。

为预测足球比赛建模

每年秋季，各种校招团队会去全世界最好的数学系招人，他们大多数都是老面孔：需要流体动力学研究者的石油企业，或是想要概率论专家的银行。但是近年来，英国大学组织的招聘会上开始出现了以前从未出现过的一类公司。他们不再讨论商业或金融，而是将目光投向足球这类体育运动。他们的职业宣讲更像是一场技术性十足的赛前分析。各种方程式和数据表穿插出现在宣讲中，而大多数公司不会向应聘者展示这些信息。这些活动看起来更接近讲座而不是招聘会。

对数学家来说，其中很多方法他们都很熟悉。研究者可以使用这些技术来研究冰层或流行病，然而这些公司为这些方法找到了非常不同的用途。他们在用科学方法来对付庄家，并且正在不断取胜。

现代足球预测始于一道本可能只是玩笑的考题。20 世纪 90 年代，斯图尔特·科尔斯（Stuart Coles）在美国兰卡斯特大学担任讲师，那里距离湖区的大片丘陵只有几千米。科尔斯的学术专长是极值理论，也就是处理那些前所未有的、严重的、罕见的事件。极值理论由罗纳德·费歇尔在 20 世纪 30 年代提出，被用于预测糟糕透顶的情况，包括从大洪水、地震、山火到保险巨额亏损等一系列事件。简而言之，它就是研究那些几乎不可能发生的事件的科学。[5]

极值理论　　极值理论是处理与概率分布的中值相离极大的情况的理论，常用来分析概率罕见的情况，如百年一遇的地震、洪水等，在风险管理和可靠性研究中时常用到。

科尔斯的研究涉猎极广，从风暴潮到严重污染无所不有。[6] 在系里的一位研究者马克·狄克逊（Mark Dixon）的鼓动下，科尔斯开始研究足球。狄克逊是在看了美国兰卡斯特大学大四学生的一场统计学考题后，开始对这个课题产生兴趣的。[7] 其中一个题目是要预测一场假想足球赛的结果，但狄克逊发现了一个缺陷：那种方法过于简单，没有实际意义。但这是个有趣的问题，如果把这个想法扩展一下，并且用于真实的足球联赛，也许会产生一个可行的投注策略。

狄克逊和科尔斯花了数年时间完善新方法以达到可发表论文的程度。最终，他们的成果发表在 1997 年的《应用统计学杂志》

（*Journal of Applied Statistics*）上。[8] 随着研究的结束，科尔斯继续研究其他课题，并未意识到这篇论文后来变得多么重要。他说："在当时看起来就是无足轻重的一件事，但回想起来，它对我的生活产生了巨大影响。"[9]

在香港预测赛马时，科学投注团队会评估每匹马的素质，再比较这些不同素质的测量结果，以得出可能的比赛结果。而在足球中，依样画葫芦是很难的。尽管人们有可能测量每支球队的实力并算出哪支球队整个赛季下来最可能获胜，但要确定单场比赛中的获胜球队则困难得多。一支球队对战某个对手表现良好，而面对另一个对手时却可能表现平平。一个球可能踢进，另一个球却被球门框弹出。同时，你还要考虑球员因素。有时，某位球星的一次神威表现能让整支球队士气大振；有时，球队却因球员表现不佳而成绩下滑。用统计学的观点来看，场上的复杂情况意味着实际情况更为混乱。20世纪70年代，一些研究者甚至认为单场球赛的结果完全是偶然的，根本无法预测。[10]

对狄克逊和科尔斯来说，选择研究足球比赛，无疑进入了困难的领域。但他们仍有一个优势。在英国，投注的赔率通常在比赛几天前就会确定。与中国香港赛马场最后一刻的疯狂投注不同，英国任何球赛分析者都有充裕的时间来做预测，并与庄家的赔率进行比较。更棒的是，还有大量的潜在赌局可以选择。得益于英国成熟的足球博彩市场，人们有各种各样的东西可以投注，从半场比分到角球数量。

狄克逊和科尔斯选择从一个大问题开始：哪支球队会赢？比起直接预测最终结果，他们决定预测终场哨吹响之前每支球队会踢进几个球。为了简化问题，两人假设每支球队在全场比赛中会按固定的速率进球，且在每个时间点进球的可能性都与比赛中已经发生的一切事情无关。

遵循这样规律的事件被称为遵守"泊松过程"，它以法国数学家、物理学家泊松的名字命名。泊松过程出现在生活中的方方面面。研究者用泊松过程来为各种问题建模，比如交换机接到的电话、核辐射的衰减，甚至神经元活动。[11] 如果假设某件事遵循泊松过程，那么也就是假设事件按照固定速率发生。世界没有记忆，每个时段相对于其他时段都是独立的。如果到了半场时，还没有球队进球，那么下半场进球的可能性也并不一定会增加。

泊松过程　　由法国著名数学家泊松证明。它是一种累计随机事件发生次数的最基本的独立增量过程。例如，随着时间增长累计某电话交换台收到的呼唤次数，就构成一个泊松过程。

狄克逊和科尔斯选择把足球比赛当作泊松过程来建模，并因此假设进球在全场比赛中是保持恒定速率的，但他们还需要知道进球率是多少。一场比赛的进球数很可能取决于谁在场上比赛。他们应该预期每支球队进多少球呢？

早在他们 1997 年的论文中，狄克逊和科尔斯就设定好了为足球联赛建模所需的东西。首先，你需要测量每支球队的实力。一种选择是使用某种排名系统。也许你可以在每场比赛后给每支球队一定的积分，再于一段固定时间后累计总分。比如，大多数足球联赛的规则是，获胜 3 分，平局 1 分，输球 0 分。用单个数字来代表每支球队的能力也许能体现哪支球队表现良好，但并不总是能把排名转化为准确的预测。2009 年，由克里斯托夫·莱特纳（Christoph Leitner）和奥地利维也纳经济大学的同事们完成的一项研究，很好地说明了这个问题。[12] 他们使用这项运动的官方管理机构——国际足球联合会发布的排名给出了 2008 年欧洲联赛的预测，发现博彩公司的预测比他们的预测准确得多。要想通过赌球赚钱，你需要对每支球队进行多维度测量。

狄克逊和科尔斯建议把实力拆分为两个因素：进攻与防守。进攻实力值反映了球队进球的实力，防守弱点值显示了他们阻挡对手的实力究竟有多差。狄克逊和科尔斯认为，假如一支主场球队具有一定的进攻实力值，而客场球队具有一定的防守弱点值，那么预期的主队进球数由三个因素共同决定：

主队进攻实力值 × 客队防守弱点值 × 主场优势因素

这里"主场优势因素"是把主场作战对主队士气的提振纳入考虑。同样，客队的预期进球数等于客队的进攻实力值乘以主队的防守弱点值（客队没有额外优势）。

　　为了预估每支球队的进攻和防守实力，狄克逊和科尔斯收集了数年来排名前四位的英国足球赛的数据，一共包含 92 支球队。因为模型包括了每支球队的进攻实力值和防守实力值，加上主场优势因素，这意味着总计大约有 185 个因素。如果每支球队与别的球队比赛同样多次数，估测这些因素就会容易很多。但是，升级和降级的存在，意味着有些球队之间的对战比其他球队间的对战更常见，对于杯赛来说，情况更为复杂。就像跑马地的赛马比赛一样，对于简单计算来说存在太多隐藏信息。为了估测 185 个因素中的每个因素，需要利用类似洛斯阿拉莫斯的研究者开发的借助计算机的方法。

　　当狄克逊和科尔斯用他们的模型来预测 1995 年至 1996 年赛季的比赛时，他们发现预测与实际结果很好地吻合了。但模型是不是好到可以用来投注了呢？他们用各种比赛来测试它，采用一个简单规则：如果模型说某个结果比庄家赔率暗示的胜率多 10%，那就值得赌上一把。尽管只用了基本模型和投注策略，结果也显示模型有能力击败庄家。

　　就在他们的研究发表不久后，狄克逊和科尔斯分道扬镳。狄克逊成立了专业做体育赛事结果预测的咨询公司 Atass Sports。后来，科尔斯加入了一家研发体育模型的伦敦公司 Smartodds。[13] 现在有好几家公司都致力于足球预测，但是狄克逊和科尔斯的研究仍是很多模型的核心。足球分析公司 Onside Analysis 的联合创始人戴维·黑斯蒂（David Hastie）说："这些论文依然是重要的起点。"[14]

但就像其他模型一样，这项研究也存在一些弱点。科尔斯指出："它还不是一个完全打磨好的作品。"[15] 一个问题是，对球队的进攻实力值和防守弱点值的测量在比赛过程中是不变的，而在现实中，球员可能会疲劳，或者在某个时点发起更多的进攻。另一个问题是，在实际比赛中，平局出现的次数比泊松过程预测的次数要多很多。一种解释可能是落后的球队会更加努力，希望追平比分，而对手则过于自满。但是，根据慕尼黑大学的研究者安德烈亚斯·霍伊尔（Andreas Heuer）和奥利弗·鲁布纳（Oliver Rubner）的说法，还有其他因素在起作用。[16] 他们认为大量的平局是因为若接近比赛最后阶段时仍是平分，那么球队倾向于降低风险，因此进球可能性也更低。两人看了 1968 年至 2011 年的德国足球甲级联赛，发现在平分时，进球率就降低了。当比分是 0∶0 时尤为明显，球员们更愿意享受"安逸的平局"。

比赛的某些比分尤其容易创造平局。霍伊尔和鲁布纳发现，德甲联赛进球在前 80 分钟倾向于遵从泊松过程，球队以相当一致的速率进攻球门。只是在比赛的最后阶段，事情变得不再规律，尤其是当客队在终局之前还领先一两个球时，这种不规律的情况尤为明显。

　　针对这些种类的特殊情况进行调整后，体育预测公司在狄克逊、科尔斯和其他人的研究基础上，将足球预测变为了一门利润可观的生意。近年来，这些公司在规模上急剧扩张。但是尽管产业在增长，新公司也在出现，但科学的投注行业在英国还算是新生事物。即使最悠久的公司也是 2000 年后成立的。而在美国，体育预测的历史更为悠久，是个利润丰厚的领域。

统计与数据

　　为了在无聊的高中课堂上打发时间，迈克尔·肯特（Michael Kent）经常阅读报纸的体育版。尽管住在芝加哥，但他关注全美的大学体育运动。当他翻阅比分时，会思考每场比赛的胜率。他回忆道："一支球队可以 28∶12 击败另一支球队，我会想，这支获胜的球队得有多厉害。"[17]

　　高中后，肯特上了大学，在获得数学本科学位后，加入了西屋电气公司。整个 20 世纪 70 年代，他都在公司位于匹兹堡的原子能实验室工作，公司在那里为美国海军设计核反应堆。这是一个很好的研究环境，有着大量的数学家、工程师和计算机专家。肯特花费接下来的数年时间尝试模拟冷却剂流过燃料管道时核反应堆中发生的事。在闲暇时间里，他也开始写程序来分析橄榄球比赛。从很多角度来看，肯特的模型之于大学运动就像比尔·本特的模型之于赛马一样。肯特收集了可能影响比赛结果的很多因素，使用回归分析来研究哪个重要。就像本特后来那样，肯特等到有了自己的估测后，才去关注博彩市场。肯特说："你需要先选好自己的数字，然后再去看其他人选的是什么。"[18]

统计和数据一直是美国体育中的重要组成部分。在棒球中尤为明显。一个原因是比赛的结构：它被分为很多小段，一方面提供了很多供观众去吃热狗的时间，另一方面也让比赛变得更易分析。而且，一局棒球比赛可以被拆分为相对独立的单个对战，比如投手对击球手，因此也为统计学家提供了更多信息。

大多数棒球迷今天钻研的统计学，从击球平均数到得分数，都是由19世纪的亨利·查德威克（Henry Chadwick）发明的。他是一名体育作家，在英国观看板球比赛时琢磨出了这些想法。随着20世纪70年代计算机的逐渐普及，整理结果变得容易了，人们逐渐成立了相关组织来推动体育统计的研究。其中一个组织是成立于1971年的美国棒球研究学会（Society for American Baseball Research，SABR）。因为该学会的缩写是SABR，所以棒球的科学分析被称作赛伯计量学（sabermetrics）。[19]

**赛伯
计量学**　由棒球历史学家、统计学家和作家比尔·詹姆斯（Bill James）首创，是应用客观论据对棒球等体育运动进行研究的学科。

体育统计在 20 世纪 70 年代日渐流行，但要制定有效的投注策略还需要其他几个要素。巧的是，这些要素肯特全都具备。他说："我非常幸运，所有事都凑到一起了。"第一个"配料"是数据。匹兹堡的卡内基图书馆离肯特的原子实验室不远，图书馆里有一整套记录数年的大学体育比赛比分和日程安排的选集。好消息是，这些为肯特的模型提供了生成稳健预测的所需信息，坏消息是，每个结果都需要手工输入计算机。肯特还有驱动模型的技术，因为他能使用西屋电气公司的高速计算机。他所在的大学是全美最早拥有计算机的机构之一，所以他已经有了比大多数人都多的编程经验。除此之外，肯特不仅知道如何编程，还理解模型背后的统计学理论。在西屋电气公司，他和一个名叫卡尔·弗里德里希（Carl Friedrich）的工程师一起工作，对方教会了他如何建立快速而可靠的模型。肯特说："他是我见过最聪明的人之一，他太棒了。"

尽管关键要素都已到位，但肯特的投注生涯并没有取得良好的开端。他说："很早的时候，我有 4 次大额投注，全都输了。那个周六我输了 5 000 美元。"不过，他意识到运气不佳并非坏事。"没有什么比失败更能激励我。"1979 年，在研究了模型 7 年之后，肯特终于决定把体育博彩变为自己的全职工作。当比尔·本特刚开始进军 21 点时，肯特离开了西屋电气公司，来到拉斯维加斯，为新一赛季的大学橄榄球联赛做好准备。

赌城里的生活有很多新挑战。其中一个就是实际投注的后勤问题。这里不比香港，人们没有只需打个电话即可投注的便利。在拉斯维加斯，赌徒们必须带着现金来到赌场。这自然会让肯特感到有点紧张。他开始依赖代客泊车服务，这样他就不用带着数万美元现金走过昏暗的停车场了。[20]

因为投注很麻烦，所以肯特和比利·沃尔特斯（Billy Walters）开始联手了。沃尔特斯是个资深赌徒，对拉斯维加斯了若指掌，知道如何利用信息。沃尔特斯负责投注，肯特就可以聚焦在预测上了。接下来的数年里，其他赌徒也加入了他们的团队，帮助实施策略。有些协助计算机建模，有些对付赌场庄家。他们这群人被称为"电脑帮"（Computer Group），这个名字在赌徒中如雷贯耳，而让赌场闻风丧胆。

多亏肯特的科学方法，电脑帮的预测一直优于拉斯维加斯的庄家。这一成功也给他们带来了不必要的关注。整个 20 世纪 80 年代，美国联邦调查局都怀疑他们在进行非法操作，组织了数次调查，部分原因是对他们如何赚到这么多钱感到困惑。虽然经过多年调查，但一无所获。联邦调查局突袭过他们，几名电脑帮成员也遭到指控，但最终都被无罪释放。[21]

1980 年至 1985 年，电脑帮估计投注超过 1.35 亿美元，赚回利润约 1 400 万美元。[22] 他们一年也没有亏损过。这个团队最后于 1987 年解散，但是肯特在后续 20 年里仍坚守在体育博彩领域。肯特说，分工还是差不多，他负责预测，沃尔特斯负责实施投注。肯特指出，他预测的成功大部分来自对计算机模型的投入。他说："最重要的是建模，你得知道如何建模，并且建模过程绝非一劳永逸。"

肯特基本是独立完成预测，但他确实在某项运动中得到了帮助。美国西海岸一所名校的一位经济学家，每周都对橄榄球比赛进行预测。他对自己的投注研究非常保密，肯特只称他为"教授1号"。尽管经济学家的预测非常不错，还是与肯特的预测有所区别。所以，从1990年到2005年，他们经常把两人的预测结合起来。

肯特通过预测诸如橄榄球和棒球这样的大学体育项目获得了声名和财富，但并非所有运动都能得到同样的关注度。20世纪70年代，肯特就研究出了可以牟利的模型，而狄克逊和科尔斯直到1998年才构思出了足球联赛投注的可行方法。有些运动甚至比足球更难预测。

预测的不是结果，而是关键动作

1951年1月的一个下午，弗朗索瓦丝·乌拉姆（Françoise Ulam）回到家时，发现她的丈夫斯坦尼斯瓦夫正盯着窗外。他表情怪异，盯着外面的花园眼神涣散。他说："我知道怎么搞定它了。"弗朗索瓦丝问他这是什么意思。他答道："'超级'。这是个完全不同的方案，而且它将改变历史。" [23]

斯坦尼斯瓦夫说的是他们正在洛斯阿拉莫斯国家实验室研发的氢弹。得益于蒙特卡洛法和其他技术进步，美国拥有了有史以来最强大的武器。

不过，宏大的核思想并非这时期出现的唯一创新。当斯坦尼斯瓦夫在1947年进行蒙特卡洛法的研究时，一种完全不同的武器出现了。它就是"卡拉什尼科夫自动步枪"，以其设计者米哈伊尔·卡拉什尼科夫（Mikhail Kalashnikov）的名字命名。[24]在后来的岁月里，世人熟悉的是它的另一个名字：AK-47。与氢弹一起，这种步枪将决定冷战的进程。这款枪到今天仍在广为使用，迄今为止大约有7 500万支AK-47被制造出来。[25]这款武器如此流行的主要原因是简单易用。它只有8个移动部件，非常可靠且易于维修。它也许没那么精准，但很少卡膛，使用数十年也不会坏。

制造机械时，部件越少，机械就越有效。复杂性意味着不同组件间更多的摩擦，比如，因为这样的摩擦，汽车引擎的能量大约有10%被浪费了。[26]复杂性还会导致故障。在冷战中，昂贵的西方步枪会卡膛，但简易的AK-47却始终可用。对其他流程来说也是这样。复杂性经常影响效率并且增加错误。以21点为例，庄家用的牌越多，要洗好牌就越难。复杂性也让关于未来的精准预测变得更困难。涉及的部分越多，就有越多的相互作用发生，根据有限的过往数据来预测未来事件就越难。而在体育领域，有一个活动涉及格外大量的相互作用，从而让预测变得难上加难。

美国前总统伍德罗·威尔逊曾把高尔夫形容成"使用难以达成目的的工具，将一个难以捉摸的小球送入模糊不定的小洞的无效尝试"。[27] 高尔夫球手不仅要处理弹道，还要与环境对抗。高尔夫球场充满了各种障碍，从树木到水塘到沙坑，还有球童。结果就是，运气的阴影总是阴魂不散。球手可能打出漂亮的一杆，把球送往球洞，却发现它撞上了旗杆，弹进了沙坑。或者球手可能把球切向了树，却发现它弹回了一个非常有利的位置。这些意外在高尔夫运动中极为常见，规则手册甚至有个词专门指代它们。如果球击中了随机障碍或者因意外偏离，这只是"果岭的阻碍"（rub of the green）。[28]

香港的赛马就像一项精心设计的科学实验，而高尔夫联赛则更需要罗纳德·费歇尔的"统计事后分析"。在联赛的 4 天中，球手们在各不相同的时间开球。球洞的位置也因轮次而变。如果联赛在英国举办，那天气也在变。更糟的是，在高尔夫联赛中，潜在赢家极多。橄榄球世界杯有 20 支球队竞逐奖杯，英国国家障碍赛马大赛有 40 匹马参加比赛，而美国高尔夫大师赛每年有 95 位球手争锋，其他三个主要赛事的参赛人数更多。

所有这些因素导致极难精准预测高尔夫比赛结果。因此，高尔夫在体育预测领域有点像个局外人。有些公司对此发起了挑战。Smartodds 公司现在就有统计学家在研究高尔夫预测，但在实际的投注活动中，这一运动还离其他的差得很远。

在不同的团队运动中，也有些项目比其他的更易预测。差异部分来自得分率。以冰球为例。在北美职业冰球联盟（NHL）比赛的球队平均每场进 2 ~ 3 个球。[29] 如果跟篮球比较一下，美国职业篮球联赛（NBA）的球队通常每场能得 100 分。[30] 如果进球数很少，就如在冰球中一样，一个成功的进球对比赛就会有更大影响。这意味着一个偶然事件，比如一个偏转或者幸运球，就更可能影响最终结果。进球数低的比赛也意味着用于分析的数据更少。当一支强队以 1∶0 击败一支弱队，只有一个进球事件可以分析。

幸好，我们还是有可能从一场比赛中找出其他信息。我们可以用其他方法来衡量球队的表现。在冰球比赛中，行家会使用诸如"柯西评级"（Corsi rating）这样的统计学方法。[31] 柯西评级是指根据瞄准对方球门射门数与针对己方球门射门数的差异，来预测最终比分。使用这样的评级系统的原因是，之前比赛中的进球数无法保证一支球队未来的进球能力。

在篮球这样的比赛中，进球更为常见，但比赛方式也会影响可预测性。哈拉兰博斯·沃尔加里斯（Haralabos Voulgaris）多年来几乎只赌篮球，现在是世界顶级的 NBA 赌徒。在 2013 年麻省理工学院斯隆商学院体育分析大会上，他指出篮球进球的特征在改变，球员们尝试了更多远距离的三分球。[32] 因为在这类投篮中随机因素很多，所以预测哪支球队得分更多就愈加困难了。传统的预测方法假设球员们通力合作把球送进篮筐并得分，但当个别球员从更远处做风险极高的尝试时，这一方法就不那么精确了。

　　为什么沃尔加里斯对篮球情有独钟呢？因为他喜欢这项运动，就这么简单。如果它不够有趣的话，筛选大量数据是非常折磨人的事。[33] 而且沃尔加里斯有大量数据可以筛选。投注模型需要处理一定量的数据才能做出可靠的预测。而在篮球运动中，有大量的信息可供分析。其他运动就未必如此了。在英国足球预测的早期，挖出所需数据是一件难事。当美国行家们处理潮水般的信息时，英国的信息连个小水洼都比不上。斯图尔特·科尔斯说："我们有时意识不到现在一切得来多么容易。"[34]

　　因为在 20 世纪 90 年代末，很难获得足球数据，赌徒们不得不使出浑身解数拿到信息。有些编写了自动化程序来搜索少数发布结果的网站，直接从网页上复制数据表。[35] 尽管这种"抓屏"也是一种获得数据的手段，但这些被"抓"的网站并不喜欢赌徒们拿走他们的数据的同时导致服务器拥堵，于是有些网站就采取了反制措施，比如屏蔽某些 IP 地址来阻止他们获取数据。[36]

　　即使在数据丰富的美国体育界，不同联赛之间的信息仍有很大差异。肯特分析大学体育运动的一个原因就是有可用的信息量。肯特说："大学篮球的赛事有很多，球队也有很多，所以你有一个庞大的数据库。"[37] 正是这些数据让肯特能够提前预测比赛结果并投注。

在肯特的整个职业生涯中，拉斯维加斯的体育博彩在一场比赛开始后就要告一段落了。在裁判吹响开场哨声之前，肯特的钱已经投完了。投注和比赛，看上去如此紧密联系的两件事，其实并没有什么联系。直到 2009 年一家新公司来到赌城，赌场才开始修复这个破碎的有关投注的维恩图。这家公司就是坎托博彩（Cantor Gaming），是位于华尔街的坎托·菲茨杰拉德公司（Cantor Fitzgerald）的子公司。[38] 近年来，坎托博彩在很多大型赌场中成为驻场庄家。走进各家赌场的体育区，你会发现数十个大屏幕和投注机都是坎托博彩的。夹在从棒球到橄榄球等各种信息中间的是一行行数字和名字，显示着不同比赛的赔率。这些"投注线"随着人群的喧嚣而起落。房间感觉像是体育酒吧和交易大厅的混合体，酒精和数据在永远明亮的赌场灯光下混杂融合。

坎托博彩屏幕上的数字也许反映了投机者的情绪，但它们其实是由根据赛程调整投注线的计算机程序控制的。[39] 坎托博彩把它叫作"迈达斯算法"（Midas algorithm）。如果比赛中发生了一些事，程序就会自动更新显示器上的赔率。[40] 多亏了迈达斯算法，赛中投注开始在赌城大行其道。

能运行迈达斯算法的软件很大程度要归功于英国人安德鲁·加鲁德（Andrew Garrood）。他于 2000 年加入坎托博彩，之前在一家日本投行做交易员。从投行到博彩业的跨越并没有想象中那么大，加鲁德只是从设计给金融衍生品定价的模型改为给体育赛事结果赋值的模型。[41]

坎托博彩在 2008 年发表了最大的意向声明，宣布购买拉斯维加斯体育咨询公司。这家公司为内华达州的庄家们提供赔率，包括拉斯维加斯近半数的赌场。但坎托博彩并不只是对其预测感兴趣。[42]通过购买这家公司，坎托博彩掌握了各项运动的过往结果的庞大数据库。这些信息将成为坎托博彩分析的核心部分。他们需要知道，在棒球、橄榄球等运动中，哪些事件改变了比赛。如果旧金山巨人队再次打出一个本垒打，对其胜率有何影响？如果新英格兰爱国者队在即将终场时发起最后一次进攻尝试，他们有多大可能成功？

根据加鲁德的说法，直接明了的"寻常"事件相对容易预测。比如，如果一支橄榄球队从 20 码线开始冲锋，算出他们的持球触地得分的概率并不难。那么值得了解的事件是什么呢？加鲁德发现大多数事件对结果影响不大。[43]关键事件是最重要的，正是它们导致了结果的巨大差异。这就是大规模数据库的用武之地了。当很多赌徒还在依赖直觉时，迈达斯算法可以评测一次触地得分到底有多大效果。

坎托博彩怎么保证它所有的预测都准确呢？答案是，它并不以全部准确预测为目标。人们通常认为，坎托博彩这样的公司用模型来确保每场比赛的预测的准确性。坎托博彩的体育数据主管马修·霍尔特（Matthew Holt）断然否定了这一说法。他在 2013

年说："我们并不预测比赛结果，我们只是预判某个动作会在哪里出现。"[44]

说到投注，庄家的目标从根本上就跟赌徒不同。假设两名网球球手在美国网球公开赛中势均力敌。比分是 50 : 50，也就意味着投注 1 美元的合理回报也是 1 美元。如果一个人对两位球员上都投注，他会不赢不输。但庄家是不会提供 1 美元回报这种赔率的。它会提供一个 0.95 美元的回报。任何对两个球员都投注的人最后会亏 0.05 美元。

如果将相同金额分别投注在每位球员身上，庄家就会获得利润。但如果人们将大部分钱投注在其中一位身上呢？庄家将需要调整赔率来保证不论谁赢，自己都能获得同样的利润。新的赔率可能暗示某位球员更不可能胜出。知道两人其实势均力敌的聪明赌徒会对那个赔率更高的球员投注。对于已经做好万全准备的庄家来说，这不是问题。他们调整投注线并不是为了匹配一个结果发生的真实概率，他们这么做是为了平衡收支表。

每天，迈达斯算法都将计算机预测与真实的投注活动结合起来，并根据投注情况调整赔率。它针对数十种不同的运动项目执行这种复杂的操作，随着比赛的进行实时更新投注线。为了获利，像坎托博彩这样的庄家需要知道赌徒的钱流向何方。他们在什么上面下注？他们将对特定事件做出什么反应？

就像赌徒和庄家之间的信息流动，在很多情况下赌徒也在探究他们的对手在做什么。当有消息说投注团队研究出了一个成功策略时，其他人自然也想分一杯羹。因为很多投注策略都来源于学术界，通过筛选学术论文拼凑出基本模型经常是可行的。但体育博彩竞争激烈，这就意味着有些最有效的技术仍被严格保密。根据体育统计学家伊恩·麦克黑尔（Ian McHale）的说法："预测模型的特许性质意味着那些发表出来的模型往往并非最佳模型。"[45]

如果赌徒们不知道谁有最佳策略，他们就会变得紧张。在庞大的亚洲市场，不少世界最大规模的足球投注就出现在这里，投注经常是通过即时通信软件进行的。与此同时，信息在庄家和赌徒间来回传播，每个人都试图明白对方在想什么，将会如何投注。就像一个业内人所说："关于投注的小道消息太多了，大家都变得疑神疑鬼。"[46]

新的投注方式

当亚洲庄家在西方媒体上得到报道时，通常不是因为什么好事。2010年巴基斯坦对英国的板球赛，在一些可疑的投球后，三位巴基斯坦球员因为合谋发坏球而被禁赛。[47]记者注意到庄家经常以这样的比赛为目标，而它们大多发生在亚洲。这样的丑闻不断传出。[48]2013年夏，印度板球超级联赛的三名板球手被指控打假球。警方宣称庄家向他们承诺，如果他们让对手在特定时间得分，就能得到 4 万多美元。2013 年 12 月，英国警方逮捕了 6 名足球球员，因为他们涉嫌故意犯规，从而被罚黄牌或红牌。[49]

非法投注在印度十分常见。当印度国家板球队对阵巴基斯坦队时，总投注金额接近 30 亿美元。[50] 但是亚洲的投注市场也在变化。赌徒不再需要在酒吧里找到黑市庄家。他们一度需要带着现金和接头暗号，现在他们通过手机或网络就可以投注了。光鲜亮丽的呼叫中心替代了污秽不堪的投注室。新产业仿佛远离了非法黑市，但依然几乎不受监管。这就是"灰色市场"：现代化、企业化、不透明。[51]

对于类似足球这样高筹码的体育博彩，亚洲是很多西方玩家的首选之地。原因很简单。在欧洲或美国，庄家很少接受大额赌注。结果，这些地区的赌徒们发现很难投下能让他们的策略大赚的金额。虽然是名成功的赌徒，或者说正因为他很成功，沃尔加里斯才会抱怨美国庄家不愿接受他的赌注。[52] 就算他们接受，投注限额也很低，因此毫无意义。他可能会被允许押上个几千美元。不过并非所有西方庄家都会对成功的赌徒设限。在过去 10 年，一家公司就因为接受甚至鼓励聪明赌徒的投注而闻名遐迩。

体育博彩公司平博（Pinnacle Sports）于 1998 年成立，它的野心昭然若揭。投注限额很高，最大筹码比很多现有的庄家给的高。平博宣称它很乐意让玩家任意多次押上最大筹码。[53] 即使玩家一直赚钱，平博也不会让玩家退出。2003 年时，这样的观念仍和既有的庄家智慧背道而驰。如果你想赚钱，遵守"教义"，别让聪明的赌徒下巨注。而且当然不能让他们一次又一次这样做。所以，平博是怎么做到这一点的呢？

　　所有庄家都会关注总体的投注活动，但平博还会花费很多精力弄清楚投注的人都有哪些。通过接受聪明的赌徒的投注，平博可以了解这些赌徒对未来的预测。[54] 这与比尔·本特把他的预测和跑马地屏幕上的公开赔率结合起来的做法并无二致。有时，大众知道一些投注团队或庄家不知道的事。

　　平博一般会在周日晚上发布一系列赔率。它知道这些数字不一定完美，所以一开始只接受小额投注。它发现最早的投注几乎总是来自那些聪明的小额投注的赌徒：正因为早期赔率经常不准，所以聪明的赌徒蜂拥而至并对这种情况加以利用。不过平博很乐意让这些所谓的"一百美元天才"占便宜，因为这意味着可以得到更好的比赛预测。本质上，平博通过付钱给聪明的赌徒来获取信息。

　　这种获取信息的策略也在生活中其他场景出现过，有时结果还很有争议。2003 年夏，美国参议员意外发现一份国防部关于"政治分析市场"的提案，这一提案允许交易员就中东发生的事件进行投机。[55] 例如，你可以针对生化袭击、政变投注。该提案的思路是，如果有人掌握了内幕信息并想要以此牟利，那么五角大楼就会发现赌市活动的变化。投资者可以赚钱，但他们也在这一过程中暴露了自己。罗宾·汉森（Robin Hanson）是这一提案背后的经济学家，他指出情报机构的定义就是付钱让人报告见不得光的细节。从道德层面讲，他不觉得投注市场比其他形式的交易市场有什么不同。

参议员们并不认同这种观点，其中一位参议员称这个点子"可怕"，另一位则说它"愚蠢至极"。[56]根据希拉里·克林顿的说法，这一提案将制造一个"死亡与毁灭的市场"。[57]该提案在如此激烈的反对下没有存活多久。7月底，五角大楼彻底放弃了这一提案。这一决定显然更多的是出于道德考虑而非经济学方面的考虑。尽管批评者从道德上攻击这一提案，却很少有人否认投注市场可以传递有价值的见解。与民意调查中的参与者不同，赌徒们有很强的获利目的来保证决策的正确。当他们预测未来时，他们是把真金白银放到了消息或模型指向的地方。

如今，平博会针对广泛的主题征集赌徒们的意见。人们可以针对下任总统人选或者奥斯卡奖得主投注。平博对这一方法信心十足，因此经常在热门事件上接受大额赌注。[58]过去，你可以在欧洲冠军联赛的决赛中押上50万美元。因为平博的商业模式建立在准确预测上，所以也有些事情是它不接受投注的。例如，平博在2008年把赛马从博彩项目中去除了，因为它对这项运动并不了解。[59]

像平博这样的公司找到了结合内部统计预测和聪明的赌徒观点的途径，颠覆了传统的庄家做法。通过利用聪明的赌徒的知识，这些公司对自己的赔率更有信心，因此很乐意接受大额投注。但是庄家并非唯一在变的一方，赌徒有时干脆直接跳过庄家。

在过去的大约 10 年，投注方式发生了翻天覆地的变化。就如线上投注一般，庄家也面临一种新型投注市场的竞争，也就是博彩交易所。这很像证券交易所，只是不是买卖股份，而是投注。最著名的博彩交易所也许就是伦敦的必发（Betfair），必发每天处理超过 700 万次投注。[60]

必发的创始人安德鲁·布莱克（Andrew Black）是在 20 世纪 90 年代末期想出开发这个网站的点子的，那时他还是位于格洛斯特郡的英国政府通信总部的程序员。保安不允许他下午 5 点后继续待在那里，所以他每晚只能在自己的乡村农舍里度过。拥有这么多空余时间是一种负担，但他也收获满满。他后来告诉《卫报》说："无聊太可怕了，但精神层面收获颇丰。"[61]

还在大学时，布莱克就对投注产生了兴趣。但传统投注有很多弊端，在格洛斯特郡的那些夜里，布莱克思考如何改进。赌徒以往都是通过庄家进行博弈，为什么不让他们直接互相博弈呢？这一计划意味着要融合来自金融市场、投注和在线零售的思想。布莱克之前曾当过职业赌徒、股票交易员和网站开发者，在这三个领域都有经验。

必发在 2000 年上线。那年夏天，公司安排了一支穿越伦敦的模拟送葬队，棺材上写着"庄家已死"。[62]尽管这一博眼球的行为吸引了很多媒体报道，但竞争者也已潜伏左右。一家竞争对手网站模拟了易贝：如果谁想按某个赔率投注 1 000 英镑，网站会把他和想接受这个投注的人匹配起来。[63]尝试把人匹配起来有点像玩一个大型的"快拍"（snap）在线游戏。这也意味着要等很长时间才能得到匹配。

幸好，必发有个方法可以加速匹配。如果没有接受赌注的人，网站会把赌注拆分给几个不同的人。例如，由于很难找到一个愿意接受 1 000 英镑赌注的人，网站会把总额分成好几份，分配给 5 个愿意接受 200 英镑赌注的人。传统的庄家是通过调整显示器上的赔率来赚钱，必发则不去动赔率，而是从赢的人那里抽取利润。

像必发这样的博彩交易所开启了一种新的投注方法。与传统庄家不同，你不必只对某个特定结果投注。你可以就结果的反面投注。如果这种结果没有发生，你可以赢走所有筹码。

因为你可以在博彩交易所两头投注，所以在一场比赛结束之前可能就赚钱了。假设一家博彩交易所显示一支球队的赔率是 5。你决定对这支球队投注 10 英镑，这意味着如果他们赢了，你可以拿回 50 英镑。然后事情变了。也许对方球队的明星球员突然受伤了。你看好的球队现在更有可能赢了，所以赔率跌到了 2。相比于等到比赛结束，冒着结果对你不利的风险，你应该在低赔率时为另一个球队投注 10 英镑，从而降低之前投注的损失。如果你的队伍赢了，你可以通过第一次投注赢得 50 英镑，但会因第二次投注而损失 20 英镑；如果你投注的球队输了，那么两次赌注会彼此抵消（见表4-1）。比赛甚至还没开始，你就能确保如果你投注的队伍赢球你可以获得 30 英镑，如果输球则并无损失。（很多庄家后来引入了"套现"机制，本质上就是重现这些交易。）

表4-1　通过投注和反向投注同一支队进行风险对冲

		第一次投注	第二次投注	总计（英镑）
结果	你投注的队伍获胜	50	-20	30
	你投注的队伍落败	-10	10	0

因为你可以投注和反向投注任何结果，必发网站为每场比赛展示两个栏，分别显示两个队的最佳赔率。这样的技术让赌徒们更容易看到别人在想什么，并利用那些他们认为错误的赔率。但并非只有庄家变得更亲民。

科学投注策略传统上是像"电脑帮"或 Atass Sports 这样的私人投注团队的专利。这样的情况持续不了多久了。就像银行向客户提供投资基金的渠道一样，有些公司也为客户提供了投资科学投注方法的机会。就像彭博社专栏记者马修·克莱因（Matthew Klein）所说："如果一个人擅长体育博彩，又愿意拿我的钱去投注并收取一定费用，那么实际上他就是个对冲基金经理。"[64] 比起把钱投在股票或大宗商品这种成熟的资产类别上，投资者现在也可以选择像体育博彩这样的另类资产类别。

投注跟其他投资类别似乎差异较大，但这也正是其卖点之一。在 2008 年金融危机中，很多资产价格骤降。投资者总是试图建立一个能抵御这种冲击的资产组合，例如，他们会持有不同行业的多家公司的股票。但当市场出现问题时，这种多样性还是不足以抵抗风险。根据美国华威大学的复杂系统研究者托比亚斯·普赖斯（Tobias Preis）的说法，当金融市场遇到艰难时期时，股票也会有类似的表现。[65] 普赖斯及其同事分析了 1939 年至 2010 年道琼斯指数中的股票价格，发现当市场承压时，股票价格也随之下跌。他们说："本该保护一个投资组合的风险分散效应（diversification effect），在市场亏损时也不复存在了。"

这一问题并不只限于股票。2008 年金融危机开始前夕，越来越多投资者开始交易"债务抵押债券"。这些金融产品把像房贷这样的未偿贷款打包到一起，让投资者可以通过承担部分借款者的风险来赚钱。尽管其中某个人发生债务违约的可能性很大，但投资者认为所有人同时违约纯属天方夜谭。可惜事实证明，这种假设是错误的。金融危机出现后，一套房子失去价值后，其他的房子也会如此。

体育博彩的倡导者指出，博彩业并不受金融世界的影响。即便股市狂跌，比赛也在照常进行，博彩交易所依然在接受投注。因此，面向体育博彩的对冲基金会是一项诱人的投资，因为它具备多样性。正是这一想法让布伦丹·普茨（Brendan Poots）于2010 年设立了面向体育赛事的对冲基金 Priomha Capital，总部设在澳大利亚墨尔本，意在让公众投资者得以参与以往较为私密的体育预测。[66]

做出好的预测需要更多专业技能，所以 Priomha Capital 与皇家墨尔本理工大学的研究者联手。某种程度上说，这就是"电脑帮"策略的 21 世纪版。Priomha Capital 为某一特定运动项目构建一个模型，通过模拟实验来预测每个结果的可能性，然后把预测与必发这样的博彩交易所的现有赔率进行比较。

最大的区别是，投资者并不受开赛前投注的限制。这是个好消息，因为普茨发现赔率在开赛前往往落在一个合理值上。他说："开赛前，市场相当有效。但比赛开始后，我们巨大的机会就来了。"

在足球预测中，下一步自然是赛中分析。1997 年，研究完最终比分预测后，马克·狄克逊把注意力转向了在足球比赛中发生的事。[67]他与统计学家同伴迈克尔·罗宾逊（Michael Robinson）一起，用与斯图尔特·科尔斯共同发表的类似模型模拟了比赛，但做了一些重要的新调整。该模型不仅包括了每支队伍的进攻实力值和防守弱点值，还包含了基于当前比分和剩余时间的因素。结果显示，模型纳入赛中信息后，得出了比原始的狄克逊－科尔斯模型更准确的预测。

这个模型也让验证流行的足球战术变得可能。狄克逊和罗宾逊注意到，解说员经常告诉观众球队进球后易受攻击。研究者把这一老生常谈叫作"立即反击"。它是指进了一个球后，进攻方的注意力就涣散了，这样一来对手就得以重整旗鼓。但是这一说法其实是错误的。狄克逊和罗宾逊发现，一支球队进球之后并没有变得特别容易被对方抓住机会反攻。所以，为什么解说员总是这么说呢？

如果我们遇上某些不寻常或令人震惊的事情，它就会在我们脑海中挥之不去。狄克逊和罗宾逊说："人们有种高估意外事件发生频率的倾向。"这种情况不只发生在体育比赛领域。很多人担心恐怖袭击多过担心在浴缸中发生意外，尽管一个人死在浴缸中的可能性远高于死于恐怖袭击的可能性——至少在美国是这样。[68] 不寻常之事更容易被人记住，这也解释了为什么人们会认为靠买一张一美元的彩票比每天玩轮盘赌更容易成为百万富翁。[69] 尽管这两种方法都不怎么样，但从原始概率上讲，反复玩轮盘赌更可能幸运地赚到百万美元。

要在足球比赛中成功投注，意味着要识别类似的人性偏差。在比赛中，哪些方面是赌徒经常会误判的？普茨发现有几个方面的误判比较明显。一是进球效应。就像狄克逊和罗宾逊提到的那样，普遍的观点并不总是正确的，一个进球并不总是会引发人们认为的震惊之事。赌徒们也倾向于高估红牌的影响。这并不是说它们没有影响。一支球队在对战只有 10 人的对手球队时，进球率可能更高，2014 年的一项研究认为，比平均进球率高 60%。[70] 但是赔率经常偏移得太远，说明赌徒们往往会把比较困难的情况误判成了毫无指望的情况。

在发生戏剧性事件后，博彩交易所的赔率会因新情况而逐步调整。当尘埃落定后，Priomha Capital 可以通过反向投注来对冲自己的损失。如果它支持主队以很高的赔率取胜，那么当主队领到一张红牌后，它会在赔率降低后押主队输。这样，比赛结果如何就无关紧要了。就像一个从恐慌的卖家手中买入再以更高价格卖回给他的交易员，球队平仓并消除了任何仅存的风险。

在比赛过程中，有大量的机会通过这些不准确的赔率赚钱。但很可惜，没有那么多投注，这也就意味着 Priomha Capital 需要注意不要用高额投注扰乱市场。普茨说："在比赛中，你需要如滴灌般把钱投进去。"事实上，市场大小是像 Priomha Capital 这样的基金面临的最大障碍。因为它是靠找到错误的赔率来赚钱的，所以投入的钱越多，它需要找到的错误赔率就越多。

Priomha Capital 现在的计划是管理多达 2 000 万美元的投资。

普茨指出，如果它想要操盘更大的金额，比如 1 亿美元，获得合理回报将非常困难。它也许能找到足够的机会赚到年化 5% 的回报，但作为一家对冲基金，它真的希望帮投资人赚到两位数的回报率，而它如果选择限制基金规模，会更有可能实现这一点。

尽管 Priomha Capital 还没有触达自己的天花板，但随着基金规模的增长，普茨也注意到买入其策略的客户群体的变化。他说："我们的投资者画像以前是喜欢体育又爱投注的人，现在变成了想要拿他们的养老金或其他基金去投资的人。"

Priomha Capital 不是近年来出现的唯一体育博彩基金。伦敦菲登斯（Fidens）财团于 2013 年将基金向投资者开放。两年后它管理的基金规模已经超过 500 万美元。数学系毕业生威尔·怀尔德（Will Wilde）是菲登斯交易策略部的主管。该财团的业务涵盖各国十个足球联赛的投注，每年大约有 3 000 项投注。[71]

股市经常被与投注进行比较，尤其当股票只被持有很短时间时，二者的相似程度就更高了。因此，越来越多的人将投注视作投资者的可行选项就有点可笑了。但不是所有体育博彩基金都那么成功。2010 年，投资公司人马座（Centaur）发行了伽利略基金，意在让投资者能从体育博彩中获利。[72] 它计划吸引 1 亿美元投资，带来年化 15% ～ 25% 的回报。金融同业颇感兴趣地观望，但两年后该基金就关闭了。

尽管像 Priomha Capital 这样的基金现在受制于投注市场的规模，但如果体育博彩要在美国扩张就完全不同了。普茨说："如果美国能够开放体育博彩，整个游戏规则都会被改变。"第一个改变的苗头是在 Priomha Capital 创立后不久出现的。在 2011 年进行公投之后，新泽西州州长克里斯·克里斯蒂（Chris Christie）签署了一项法案，让体育博彩在该州合法化。大西洋城的赌徒第一次能够在像"超级碗"这样的比赛中投注了（至少从理论上讲是这样）。但好景不长，专业运动联赛就请来律师叫停了这种投注。从那以后，关于体育博彩是否合法一案就在法庭系统里展开了拉锯，主要障碍是 1992 年签署的一项联邦法律禁止在 4 个州之外进行体育博彩活动。反对者说，赌博应该仅限于拉斯维加斯这样的地方。新泽西州的代表则宣称 1992 年的联邦法律是违宪的，而且公众是支持赌博合法化的。事实上，很多运动联赛已经允许人们针对预测进行投注了。虽然在某场比赛结果上投注依然是违法的，但每年人们都付钱参与幻想运动联赛。

在某些国家和地区，法律改善的倡导者认为赌博合法化有两个好处。首先，这会创造更多税收。据估计，在美国，只有不到 1% 的美国体育博彩活动是合法的。[73] 剩下 99% 的赌博活动通过无执照的庄家或者境外网站进行，金额可达数千亿美元。如果这些赌博活动是合法的，将创造巨大的税务收入。其次，合法化意味着规范化，规范化意味着透明化。庄家和博彩交易所都有客户记录，在线公司也有银行明细信息。NBA 总经理亚当·萧华（Adam Silver）

表示，赌博合法化将把赌博活动纳入政府监管范畴。他在 2014 年《纽约时报》发表的一篇报道中写道："我相信体育博彩应该走出地下，走向阳光，这样就能被适当地监督和管理。"

投注联合会也会因博彩业在某些国家或地区的合法化而受益。随着更多庄家接受赌注，投注联合会可以在更大的规模上投注了。新的法律也有可能允许投注联合会在拉斯维加斯赌博。现在，如果赌徒们想要在城里就体育赛事投注，他们依然需要带着大量现金来到赌场，这让系统性大额投注变得很困难。2015 年，内华达州参议院通过了一项法案，允许一群投资者支持一位博彩玩家，这本质上就是 Priomha Capital 在美国之外已经在做的事。如果该法案通过，更多的体育对冲基金就会出现。其他国家也在讨论新的赌博法。在日本，体育博彩目前仅限赛马、划船或自行车赛这类项目。2015 年 4 月，提交并得到首相支持的一项新提案有望改变这一现状。[74] 地下赌场正在受到越来越多的监管。[75]

体育记者查德·米尔曼（Chad Millman）指出，并不是只有经验丰富的赌徒才能从法律改革中大赚一笔。在 2014 年 3 月的一次麻省理工学院采访中，米尔曼和商学院的 MBA 学生迈克·沃尔（Mike Wohl）聊了起来。[76] 沃尔把投注视为"缺失的资产类别"并作为研究课题。沃尔有着金融背景，他的分析和个人投注经历都显示体育博彩可以像投资股票一样在风险和回报之间达成平衡。

米尔曼指出，投注有两个极端。一端是专业的体育博彩玩家，即所谓的"老鬼"，他们经常押中宝。另一端则是普通赌徒，他们没有预测性工具或可靠策略。米尔曼说，在中间的则是像沃尔一样的人，他们有成功投注所需的技能，但尚未选择使用它。他们可能从事金融或研究工作，并可能拥有 MBA 或者博士学位。如果体育博彩能在美国扩张，这些小规模团队很容易赚到钱。因为量化背景，他们已经非常熟悉核心方法。他们还拥有所需的工具，这要归功于计算机算力的提升和数据来源的增加，所以现在他们所需的只是参与机会。

模型预测的关键信息

博彩领域初创公司有一些优势。灵活性是其中之一。但新的投注联合会应该遵循那些已经成功的体育博彩策略吗？还是说应该利用他们的灵活性来尝试些别的东西？

如果能重来，迈克尔·肯特会更详细地观看比赛。他说："如果我现在重新开始，会想拿到每一场比赛的数据。"[77]这些额外信息会让衡量个体贡献成为可能。这将与他之前的分析形成鲜明对比。在他的模型中，肯特总是把球队视为一体来处理。他说："我不了解球员，虽然知道球队表现如何，但我不知道四分卫的名字。"

有些现代投注联合会对球员的个人表现衡量得很细致。威尔·怀尔德说："我们会分析每支球队中每位球员的影响力。每位球员都有一个升降评分，不管他们是不是在比赛。"[78] 在中国香港，比尔·本特的团队甚至雇人去细看赛马录像。他们会看看一匹马在比赛中如何变速，或者一个趔趄后如何恢复。[79] 这些"录像变量"组成了模型中相对较小的部分（大概 3%），但它们帮助预测又向真实情况靠近了一点点。[80]

有时，收集更多数据也不一定能提高预测的准确性。在足球比赛中，成功的防守方对统计学家来说可能是噩梦。在效力于 AC 米兰和意大利队的岁月里，保罗·马尔蒂尼（Paolo Maldini）平均每两场一个铲球。[81] 这不是因为他是一位懒惰的球员，而是因为他不需要做太多次铲球动作。他站在正确的位置上就能阻挡对手。像铲球数这样粗略的统计有时反而会产生误导。如果防守方球员的铲球次数减少了，可能并不一定是他变差了，反而可能是他在进步。

在美式橄榄球比赛中，同样的问题也会出现在角卫身上。他们的职责是巡视场地边缘，挡住对手的进攻传球。好的角卫可以截断很多传球，但优秀的角卫不需要这样做，对手只会躲着他们走。结果是，美国职业橄榄球大联盟（NFL）中最好的角卫可能一个赛季只能碰到几次球。[82]

如果他们很少做出能被测量的动作，那又该如何衡量一名球员的能力呢？可以比较一名球员是否在场时球队的整体表现。最简单的方法是看看某个特定球员在场上时，球队取胜的频率。有时一名球员对球队的价值非常明显。比如，1999 年至 2007 年，前锋蒂埃里·亨利（Thierry Henry）为阿森纳队效力时，球队在他上场的比赛中，获胜的概率为 61%。而他没有上场时，球队的胜率只有 52%。[83]

计算胜利场次再简单不过，但用这种方法衡量球员可能会带来意想不到的结果。有时候，粉丝青睐的球员看起来对球队没那么重要。史蒂文·杰拉德（Steven Gerrard）于 1998 年在利物浦队首次亮相后，在他上场的比赛中，利物浦队获胜的概率为 50%。但在他没上场的比赛中，该球队获胜的概率也是 50%。普茨指出，最好的俱乐部有强大的团队，所以可以应付明星球员缺席的情况。当顶级球员因伤退场时，球队会进行调整。普茨说："总体看来，他们在与不在带来的影响没有人们想象中那么大。"[84]

然而，计算某位球员在或不在时获胜场数的问题在于，这一计算并未考虑这些比赛的重要程度或与对手的实力差异。例如，球队在重要比赛中往往让更大牌的球员上场。解决这些问题的方法是采用预测模型。体育统计学家经常通过比较这些球员上场的比赛的预测比分与实际结果，来评估某位球员的重要性。如果当球员在场上时球队表现比预期要好，就表示该球员对球队格外重要。

再次强调，并不是说那些最有名的球员就最重要，找出最重要的球员不等于找到最好的球员。根据模型判断的最重要的球员可能是可替代性低或者风格格外适配球队的人。

体育预测领域的公司为了解释他们的预测模型的结果，雇用了熟悉每支队伍细节的分析师。这些专家能告诉他们为什么某个球员如此重要，这对接下来的比赛又意味着什么。这样的信息常常不容易量化，但是它可能对结果有重大影响。关键就是知道什么是模型没有涵盖的，在做预测时把没有涵盖的因素考虑进去。体育统计学家戴维·黑斯蒂指出，这与很多人对科学投注策略的想法相左。他说："普遍的看法是，投注只需要模型，人们都期待拥有一个神奇公式。"[85]

赌徒们需要知道如何获得关键信息，不管它是量化的，就像模型预测，还是更定性的，就像人类的见解。虽然因计算机模型而知名，但肯特深知人类专家对预测的重要性。他经常会从对特定运动有深度了解的人那里得到全新信息，而这些人的工作就是去了解模型可能涵盖不了的东西。他说："我们在纽约有个人，他可以轻松地告诉你 200 支大学篮球队的首发阵容。"[86]

对单个球员做出更好预测不仅能让赌徒受益。随着技术改进，赌徒和运动队越来越有共同语言，怀着预测下个赛季、下场甚至下个季度的比赛会发生什么的共同欲望而走到一起。每个春天，球队经理都会和麻省理工学院斯隆商学院体育分析大会的统计学家和建模专家们交流。[87]在球队去搜寻签约新球员时，预测方法可能格外有用。历史上，因为场上表现具有偶然性，评测一名球员的价值非常困难。一名球员可能某年有一个出色且幸运的赛季，然后次年就没那么成功了。

"《体育画报》(*Sports Illustrated*)霉运"是这个难题的知名例子，它是指运动员登上《体育画报》封面后，就会陷入竞技状态的低迷。[88]统计学家指出这其实并不是霉运。运动员能登上封面是因为他们刚结束一个格外出色的赛季，这常常受随机变量影响，而不是他们真实实力的反映。第二年表现低迷只是均值回归的案例，就像高尔顿在遗传学研究中发现的那样。

当俱乐部签下新球员时，他们只能基于该名球员过去成绩来做决定。[89]但他们其实是在为球员未来的表现付钱。一家体育俱乐部怎么预测一个球员的真实实力呢？理想的情况下，他们有可能单独拿出球员的过往表现，弄清这里面实力和运气成分分别占多少。统计学家詹姆斯·阿尔伯特（James Albert）试图通过查阅大量棒球投手的不同统计数据来做到这点，这里面包括获胜和落败数、三振出局数、对手通过他们的失误的得分数。[90]他发现三振出局数是投手真实技术的最准确的表征，而被打出本垒打的数据则更受偶然性影响，因此不能很好地体现投手的能力。

其他运动分析起来就更棘手一些。足球行家通常采用简单的测量法来量化前锋的水平，比如每场比赛进球数。但如果前锋在一支实力较强的球队踢球，得益于其他球员为他们创造的进球机会呢？2014 年，Smartodds 公司和萨尔福德大学的研究者评测了不同足球球员的进球能力。[91] 比起只是询问一个前锋进球可能性，他们把进球分解为两个成分：创造射门机会的过程——受球队表现的影响，以及将射门转化为进球的过程。这样把进球分解之后，比起简单地统计每场进球数，就能更准确地预测未来进球数。例如，它显示球员的射门数与球队的进攻能力没太大关系。也就是说，好球员不管在强队还是弱队，都会有差不多的射门数。尽管那些强队总体有更多射门数，但一个不错的球员只是巨大的得分池中的一条小鱼；而在一个困窘的俱乐部中，同样的球员就可以为整体成绩做出更大贡献。研究者还发现很难预测一名球员将射门转化为进球的频率。因此，他们建议球队经理在看待潜在签约球员时，应该评估他创造射门机会的次数而非进球得分的次数。

在科学的体育博彩中，最成功的人往往是那些研究被其他人忽视的比赛的人。从迈克尔·肯特对大学橄榄球联赛的研究，到马克·狄克逊和斯图尔特·科尔斯对足球的研究，大额资金基本上都来自被大众所忽视的领域。

随着时间推移，庄家和赌徒逐渐掌握了那些最知名的策略，结果就是很难从主要体育联赛中赚到钱了。错误的赔率没那么常见了，且竞争者很快就发现那些可占便宜的点。[92] 因此，新的团队最好专注在不那么知名的运动项目上，因为在这些项目中，科学理念尚未得到应用。哈拉兰博斯·沃尔加里斯说，这是机会最大的地方。他在 2013 年麻省理工学院斯隆商学院体育分析大会上说："我会从小众些的运动项目开始，比如大学篮球联赛、高尔夫、全美改装汽车竞赛或网球。"[93]

在小众运动项目中，不管是来自模型还是专家的额外知识，它们都能够显得极其珍贵。因为关键变量不为人知，一个老到的赌徒和普通赌徒的技艺差距可以非常之大。技术进步除了能够帮助赌徒建立更好的预测模型外，它也改变着投注方式。装着纸钞的公文包的时代已经结束了。投注可以在线完成，赌徒可以同时操控几百个赌局。这一技术也为新型策略奠定了基础。历史上，体育博彩很大程度关乎对于正确结果的预测。但是科学投注不再只是预测比分的事。有些时候，即使不知道结果也可以赚钱。

THE PERFECT BET

BET

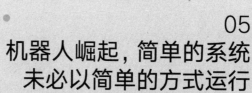

05
机器人崛起，简单的系统
未必以简单的方式运行

FROM POLITICS TO ECONOMICS,
PEOPLE NEEDED TO BE AWARE THAT
SIMPLE SYSTEMS DO NOT
NECESSARILY BEHAVE IN SIMPLE WAYS.

从政治到经济，人们需要意识到，简单系
统未必会以简单的方式运行。

THE
PERFECT
BET

"上帝创造了何等奇迹！"那条电报信息这么说。[1] 1844 年 5 月 24 日，世界上第一条长途电报抵达了巴尔的摩。这条信息沿着电线从华盛顿一路传来，这要归功于萨缪尔·摩尔斯（Samuel Morse）发明的新型电报机。在接下来数年里，单线电报系统传播到全世界，渗透了各行各业的核心。铁路公司用电报在车站间发送信号，警察则发电报以抢先一步抓捕逃犯。没过多久，英国的金融家也掌握了电报，并发现如何利用它来赚钱。

当时，英国每个地区的证券交易所都是独立运行的，这意味着时不时会有价差。比如，有时可能以某一价格在伦敦买入一只股票，再到另一个郡以更高的价格卖出。如果一个人能够迅速获得这种信息，就能从中获利。19 世纪 50 年代，交易员用电报来告诉彼此这些价差，在价格改变之前利用价差赚钱。[2] 从 1866 年之后，美国和欧洲通过跨大西洋的电缆连接起来，这也意味着交易员能够更快地发现价差。穿越海底电缆的信息成为金融中重要的一部分，直到今天，交易员还把英镑兑美元汇率称为 cable（电缆）[3]。

电报的发明意味着，只要两地之间价格有差异，交易员就能利用这一状况低买高卖。在经济学中，这一技术被称为"套利"。在电报发明之前，就有所谓的"套利者"在寻找价差。在 17 世纪，如果银的价格超过了银币本身面值，英国金匠会把银币融化，有些人甚至会把黄金从伦敦运到阿姆斯特丹，利用两地汇率差来套利。[4]

套利也能用在投注中。博彩公司和博彩交易所不过是交易同一种东西的不同市场而已。他们都开展不同程度的投注活动，以及对未来情况的不同看法，这也就意味着他们的赔率未必一致。秘诀就在于找到一个投注组合，从而做到无论发生什么都能获得正向回报。设想你在看拉斐尔·纳达尔（Rafael Nadal）和诺瓦克·德约科维奇（Novak Djokovic）的网球赛。如果一家博彩公司给到纳达尔 2.1 的赔率，另一家给德约科维奇 2.1 的赔率，那么在每人身上都押 100 美元会让你赢得 210 美元，同时亏掉 100 美元。不管谁赢，你都可以获利 10 美元。

套利者与进行体育预测的投注团队不同，后者本质上是赌自己的预测比赔率所暗示的更接近事实，套利者则不需要对将发生的事做出判断。不管结果如何，只要赌徒们能在第一时间发现机会，套利策略都会确保有利可图。但是套利情况有多普遍呢？

2008 年，雅典大学的研究者研究了投注登记人记录的欧洲 12 420 场足球赛的赔率，从中发现了 63 个套利机会。[5] 大多数差异都在像欧锦赛这样的比赛中发生。这并不特别令人意外，因为锦标赛结果通常比联赛结果变数更多，因为后者的球队经常互相比赛。

第二年，苏黎世大学的一个团队同时在必发这样的博彩交易所和传统庄家给出的赔率中寻找套利机会。[6] 他们发现，这两种市场出现了很多的偏离赔率，他们有可能在将近 1/4 的比赛中获利。虽然平均回报率并不大，大概每场比赛为 1%～2%，但是很明显，赔率差异足够多，套利完全可行。

虽然套利投注非常诱人，但也有潜在隐患。为了获得成功，赌徒们需要在很多庄家那里开设账户，而这些公司通常存钱容易取钱难。另外，还需要同时投注：如果一笔投注比另一笔慢了，赔率就可能变化，从而影响了盈利的机会。即使赌徒们能克服这些问题，他们也要避免引起博彩公司的注意，后者通常都不喜欢套利者分食自己的利润。

并不只是庄家间的差异可被利用。经济学家米尔顿·弗里德曼（Milton Friedman）指出了交易中的一个悖论。[7] 他认为市场需要套利者，他们利用了错误价格，从而使市场的运作变得更加有效。但是从定义上说，有效市场不应该是可被利用的，因此不应该吸引套利者。如何解释这种矛盾情况呢？在现实中，市场经常会有短期低效的时候，有时价格（或赔率）并不能反映实际情况。尽管信息已经显现，但尚未被市场正确处理。

在一个重要事件发生之后，比如进球，博彩交易所的赌徒们需要及时调整他们对赔率的看法。在这段不确定的时间内，谁最先对消息做出反应，谁就能比还没有调整赔率的对手占据优势。这样做的时间窗口很小。随着时间推移，市场会变得更有效，可选赔率就会改变，以便反映新信息。2008 年，美国兰卡斯特大学的一组研究者报告说，在 60 秒内，博彩交易所的赌徒们就可以根据一场足球比赛中的戏剧性事件做出调整。[8]

不仅是投注的时间窗口很小，潜在收获也可能十分有限。为了赚钱，赌徒们需要下重注，并且要迅速投注。很可惜，这并非人类特别擅长的事。我们需要时间来处理信息，我们会犹豫，我们不擅长处理多重任务。结果，有些赌徒选择从喧嚣的投注市场退出，而人类的退缩，就促成软件的崛起。

算法与自动投注

有两种进入必发博彩交易所的方法。大多数人直接去网站，上面展示着可选的最新赔率。但是还有一个选择。赌徒们也可以绕过网站，将自己的计算机直接连到交易所。如此一来，通过编写软件自动投注的现象就可能会发生。这些机器人赌徒相较于人类有诸多优势：它们更快，更专注，并且可以同时对数十场比赛投注。博彩交易所的速度也正中它们下怀。必发可以很快匹配针对特定事件的赌徒。在 2006 年国际足联世界杯上英格兰队首场比赛当天的 440 万笔投注中，除了 20 笔投注外，其余的都是在 1 秒内完成的。[9]

机器人赌徒在投注活动中越来越普遍了。体育分析师戴维·黑斯蒂说，现在有大量程序在搜寻偏离赔率并利用其他赌徒的失误。他说："这些算法消除了所有错误价格。"[10] 人造套利者的存在让人类更难利用这些机会套利了。即使他们发现了错误价格，也往往为时已晚，程序早已投注，把这些利润从市场上拿走了。

套利算法在金融领域也开始流行。正如博彩业一样，金融领域对消息的要求也是越快越好。各家公司都在尽其所能先于对手行动，甚至很多公司直接把计算机放在证券交易所服务器附近。当市场快速反应时，即使稍微长一点的电线都可能导致交易出现致命的延迟。

有些甚至采用更极端的手段。2011 年，美国公司海伯尼亚大西洋网络公司（Hibernia Atlantic）开始铺设一条新的价值 3 亿美元的跨大西洋电缆，这将让数据比以往更快地越洋传输。与以前的电缆不同，它位于从纽约到伦敦的飞行航线之下，也即两城间最短的路线。现在信息跨越大西洋需要 65 毫秒，新电缆的目标是将它缩短到 59 毫秒[11] ——人眨一次眼所需时长为 300 毫秒。[12]

高速交易算法帮助公司率先了解到新事件，并在其他人之前做出反应。但是并非所有的程序都在追逐套利机会。事实上，有些有着相反的目标。当套利算法搜寻有利可图的信息时，其他一些程序则在试图隐藏这类信息。

投注团队在香港赌马时，他们知道自己投注后赔率就会改变。这是因为在同注分彩赌局中，赔率取决于奖池的规模。因此各团队在开发投注策略时，必须把这一转变考虑进去。如果他们投注太多，赔率可能变化太大，反而比投注少一些的情况收益更少。

这个问题在体育博彩中也出现了。如果你试图在一场足球赛中进行巨额投注，庄家或博彩交易所用户就会针对你调整赔率。假设你想针对某一结果投注 50 万美元，一家博彩公司可能给你双倍回报的赔率，但它在这个赔率上可能只愿意接受 10 万美元的投注。一旦你完成初始投注，庄家的赔率可能就降了，这也就意味着你还有 40 万美元要投注，但你已经干扰市场了。所以，如果你投注 10 万美元，你可能不会得到双倍收益，因为这时的赔率可能更低，而不断投注只会让赔率变得越来越低。

交易员把这个问题叫作"滑移价差"（slippage）。[13] 尽管给出的初始价格看起来很诱人，但随着交易的进行，它可能会滑移到一个不太有利的价格。怎样避免这种问题呢？你可以去找愿意接受一次性投注的庄家。最好的情况是花费点时间找到这种机构，最坏的情况是永远找不到。或者，你可以先投注这 10 万美元，然后等待庄家的赔率回升，再进行下一笔钱投注，但这显然也不是最可靠的策略。

滑移价差　金融交易术语，是指实际买价高于（多头方向）或实际卖价低于（空头方向）交易者预期水平的差额。

更好的方法则是模仿博彩交易所的战术。必发早期取得的成功部分要归功于处理每笔投注的方法。由于很难找到能投注目标金额的赌徒，必发把目标金额切分为一个个小块，找到乐意接受这些小赌局的用户要容易得多，也快得多。

利用同样的理念，也可以在市场中偷偷进行滑移有限的交易。整个交易不再试图一次性完成，而是采用所谓的"订单路由"（order-routing）算法，把主要交易切分成一系列较容易完成的小型子订单。为了让这一过程有效进行，算法需要对市场有很好的认知。程序除了需要知道潜在的交易，还需要谨慎确定交易时间，以减少交易完成前市场波动的可能。这样得出的交易被称为"冰山订单"：尽管竞争者看到交易活动的一小部分，但他们永远不知道完整交易的样貌。[14] 毕竟，交易员都不希望对手因为知道巨型订单要来了而改变价格，他们也不希望其他人知道自己的交易策略。

因为这样的信息很有价值，有些竞争者使用了可以搜寻冰山订单的程序，比如说采用"嗅探算法"，也就是进行很多小型交易来探测巨型订单的存在。[15] 嗅探程序提交每笔交易后，会衡量交易在市场上被"吃下"的速度。如果有潜伏的巨额订单，交易会很快被完成。这有点像把硬币投入井中，通过硬币入水的声音大小来判断井有多深。

尽管程序能让赌徒和银行更快地完成多笔交易，但它们并不总是考虑主人的利益。如果不受监管，程序可能会以难以预料的方式行事，有时还会带来巨大的麻烦。

2011年，在都柏林利奥柏城赛马场（Leopardstown Racecourse）举办的圣诞节障碍赛上，赛程已过半，比赛几乎已经决出胜负。刚过下午2点，名为"炫目"（Voler la Vedette）的赛马已经遥遥领先。在那个寒冷的冬日午后，马蹄敲击着地面，任何有理智的人都不会押这匹马输。[16]

但是有人这么做了。就在"炫目"接近终点线时，必发的线上市场为这匹马开出了极其有利的赔率，因为它眼看就要赢了。突然，有人乐意接受28：1赔率的投注，即如果这匹马赢了，这个人愿意为对手押下的每 1 英镑付出 28 英镑。他不是一般的乐意。这一引人注目的悲观赌徒愿意接受高达 2 100 万英镑的投注。如果"炫目"获得冠军，这名赌徒将损失约 6 亿英镑。

比赛结束后不久，一位必发用户在网站论坛上针对此事发布了一条信息，[17]调侃道肯定是有人在给赌徒们发放圣诞大礼包。其他人也七嘴八舌地探讨这一事件。也许某位赌徒不小心手滑，在键盘上按错了数字？

没过多久，另一位用户就提出了不同看法。他发现了这个 2 100 万英镑赌注的蹊跷之处。准确地说，交易所展示的数字正好比 2 150 万英镑低一些。该用户指出，计算机程序经常用 32 位（bits）的单元来存储二进制数据。所以，如果这名鲁莽的赌徒设计了一个 32 位程序来自动投注，程序能够在交易所输入的最大正数是 2 147 483 648 便士。这也就意味着，如果程序将自己的投注翻倍，就像 18 世纪的巴黎赌徒在轮盘赌上犯的错误一样，2 150 万英镑就是它能输入的最高数额。

这确实是极其精彩的侦察工作。两天后，必发承认这一错误确实是由一个故障程序导致的。必发称："因为核心交易数据库的一个技术故障，其中一笔投注逃过了阻断系统，显示在了网站上。"[18]程序的主人那时账户上只有不到 1 000 英镑，所以在修复故障的同时，必发也把该用户之前的投注作废了。

正如一些必发用户指出的那样，这种荒谬的赔率根本不应该存在。因此，在比赛中投注的 200 多个人将很难说服律师受理他们的诉讼。《卫报》的体育记者格雷格·伍德（Greg Wood）写道："你没法赢（或输）一个从一开始就不成立的案子，甚至最机会主义的理赔律师看清事实后也会直接送客。"[19]

很可惜，程序造成的破坏有时是巨大的。计算机交易软件在金融中变得越来越流行，而筹码也会相当高。在"炫目"比赛中投注程序出错的 6 个月后，一家金融公司将发现一个出错的程序会造成多大的经济损失。

2012 年的夏天对于骑士资本（Knight Capital）来说是个忙碌的季节。[20] 这家位于新泽西州的股票经纪公司正在升级计算计软件系统，为 8 月 1 日上线的纽约证券交易所的"散户流动性计划"（Retail Liquidity Program）做准备。这一流动性计划意在降低客户大宗股票交易的成本。交易本身会由像骑士资本这样的股票经纪公司来完成，给客户和市场架设一座桥梁。

骑士资本使用一个叫 SMARS 的软件来处理客户交易。这个软件是一个高速订单路由：客户发出一个交易请求时，SMARS会执行一系列小的子订单，直到初始请求完成。为了避免超过所需价值，程序会记录子订单完成了多少以及初始请求还剩多少需要执行。

截至 2003 年，该公司一直使用一个叫作 Power Peg 的程序来控制交易，在订单完成后停止交易。2005 年，这一程序被淘汰了。骑士资本停用了这一套代码，把计数器装到了 SMARS 软件的另一部分。但据后来美国政府公布的一份报告称，骑士资本并未对该程序意外被再次触发所引起的后续风险做任何评估。

2012 年 7 月末，骑士资本的技术人员开始更新公司的每台服务器上的软件。在连续几天里，他们在 8 台服务器中的 7 台上更新计算机程序。但是，据报告称，他们没能更新第 8 台服务器，上面仍留着旧的 Power Peg 程序。

上线日到了，交易订单开始从客户和其他经纪公司涌入。尽管骑士资本那 7 台更新后的服务器正常工作着，但第 8 台却不知道有多少请求已被完成。因此它依然按照自己的程序执行，向市场投放了数以百万计的订单，在快速的交易狂潮中买卖股票。随着错误订单累积起来，后来必须拆解的交易乱麻越滚越大。当技术人员开始探寻问题所在时，公司的投资组合还在增长。在 45 分钟内，骑士资本购买了约 35 亿美元的股票并卖出了 30 多亿美元。当公司最终停止运行算法并查看交易时，错误已经造成了超过 4.6 亿美元的亏损，相当于每秒损失 17 万美元。这一事故让骑士资本元气大伤，当年 12 月就被一家对手公司收购了。

尽管骑士资本的损失来自计算机程序无法预料的行为，但技术问题还不是算法策略的唯一障碍。就算自动化软件按计划工作，公司依然易受攻击。如果程序运行良好，因而太容易被预测，竞争对手就可能找到方法来利用它。

2007 年，一位名斯文·埃尔·拉森（Svend Egil Larsen）的交易员注意到，美国一家股票经纪公司的算法总会对某些交易做出同样的反应。[21] 不管有多少股票被买入，这家公司的软件总是用相似的方法提高价格。身在挪威的拉森意识到，他可以通过很多微小交易来推高价格，然后把大量股票以更高的价格卖出。他成为金融界的巴甫洛夫教授，摇响铃铛，看着算法顺从地做出反应。在几个月的时间内，这一战术让拉森赚到了 5 万多美元。

并不是每个人都欣赏他的策略。2010 年，拉森和另一个交易员佩德·韦比（Peder Veiby）被指控操纵市场，后者也做过同样的事。法庭没收了他们的利润，判处他们缓刑。当判决结果宣布时，韦比的律师辩称对手的性质造成了判决的偏差。如果两人是从一位愚蠢的人类交易员而不是愚蠢的算法那里获利，法庭便不会得出同样的结论。舆论支持拉森和韦比，媒体将他们与罗宾汉[①]相提并论。在两年后，大众的看法被证实是正确的，最高法院推翻了此前的判决，并撤销了对两人的所有指控。

———————

①英国民间传说中的英雄人物，是一位劫富济贫的侠盗。——编者注

有很多方法可使算法误入危险领域。它们可能会受代码中的错误影响，也可能会运行在过时的系统中。有时它们会出错，而有时则是被对手带偏了。但迄今为止我们只是看到了个案，拉森盯上了一个特定的股票经纪公司；骑士资本也只是个例，只是一位赌徒针对"炫目"给出了荒谬的赔率。但是，在博彩和金融领域，现在有着越来越多的算法。如果一个程序会出错，那么很多公司都采用这些程序的话会怎么样？

简单的系统未必以简单的方式运行

多因·法默对预测的研究并未止步于轮盘赌。1981 年从加州大学洛杉矶分校获得博士学位后，法默去了新墨西哥州的圣塔菲研究所。在那期间，他对金融产生了兴趣。在短短几年时间内，他从预测轮盘赌旋转改为预测股市行为。1991 年，他和前"善魔"成员诺曼·帕卡德创立了一家对冲基金。这家公司叫作预测公司（Prediction Company），计划是将混沌理论中的概念应用到金融世界。物理和金融的结合被证明极其成功，在决定重返学术圈之前，法默在这家公司工作了 8 年。

法默现在是牛津大学的教授，他在那里研究将复杂性引入经济学的效果。尽管金融界已有很多数学思想，但法默指出它们通常只是针对特定交易。[22] 人们用数学来决定金融产品的定价，或者估测特定交易蕴含的风险。但是这些相互作用如何结合到一起？如果程序影响彼此的决定，那么它对整体的经济系统有何影响？事情出错时又会发生什么？

有时，一场危机可能就始于一句话。在 2013 年 4 月 23 日的午餐时间，美联社的 Twitter 上出现了这样一条消息："突发事件！白宫发生两起爆炸，奥巴马受伤。"[23] 这一新闻被推送给了关注美联社 Twitter 的数百万粉丝，其中很多人又转推给了他们自己的粉丝。

记者们很快开始质疑这条推文的真实性，因为白宫此时正在举行新闻发布会，他们并没有看到任何爆炸。很快，这条消息被证实是黑客发出的假消息，并迅速被删除了，美联社的账号也被暂时停用。

然而，金融市场已经对该假新闻做出了反应，或者说，它反应过度了。在假公告的 3 分钟内，标准普尔 500 指数蒸发了 1 360 亿美元。尽管市场很快恢复到原来水平，但这一反应的速度和严重程度让很多金融分析师猜想，这是否真是由人类交易员造成的。人们真的能如此迅速地发现这条推文吗？他们会如此容易相信它吗？

股票价格指数飞速下降，但这种情况并非首次出现。最大的一次市场震荡发生在 2010 年 5 月 6 日。[24] 那天，美国金融市场早上开市时，阴云已经密布，其中就包括即将到来的英国大选，以及仍在持续的希腊金融危机。但是任何人都没有预料到午后来临的风暴。

道琼斯指数在当天早些时候微跌，但在下午 2 点 32 分开始急速下跌。2 点 42 分，它已经下跌了 4%。跌势仍在加剧，5 分钟后再次下跌了 5%。在不到 20 分钟内，几乎 9 000 亿美元的市值蒸发了。暴跌触发了交易所的故障安全机制，交易被迫停止了一段时间。股价稳定下来后，股票价格指数也开始逐渐回升到原来的水平。即便如此，这一暴跌也令人震惊。到底发生了什么？

严重的市场紊乱通常都有一个主要的触发事件。2013 年那次股价下跌的起因是那则关于白宫的假推文。搜索在线新闻提要的程序都被设置为抢在竞争对手前头获得信息，因此很可能抓住了这条消息并开始交易。2014 年，这则故事多了一个有趣的脚注，因为美联社引入了自动化公司财报。算法会筛查财报，生成几百字的美联社传统风格的公司业绩总结。[25] 这一改变意味着，在金融新闻生产流程中，人类显得更加边缘化了。在新闻办公室里，算法将财报转化为文章；在交易大厅里，它们的程序同僚将这些文字转化为交易决策。

2010 年道琼斯的"闪崩"被归因于这种触发事件：交易而不是公告。当天下午 2 点 32 分，一家共同基金使用了自动程序卖出了 75 000 份期货合约。该程序并没有在一段时间内分发一系列小型订单，而是显然一口气把所有订单都抛了出来。上次该基金处理这么大的交易时，花了 5 小时来卖出 75 000 份合约，而这次则在不到 20 分钟内就完成了整个交易。

这无疑是一笔超大的订单，但这只是一家公司的一笔订单。同样，分析 Twitter 信息流的程序也只是相对小众的应用，大多数银行和对冲基金并不这样交易。但是这些热衷 Twitter 的算法的反应造成股市震荡，蒸发了数十亿美元。这些看似孤立的事件是如何造成这样混乱的局面呢？

为了理解这个问题，我们可以回想一下经济学家凯恩斯在 1936 年的观察。[26] 20 世纪 30 年代，英国的报纸经常举行选美比赛，通常会刊发一组女孩的照片，让读者投票选出他们觉得最受欢迎的 6 位。凯恩斯指出，精明的读者不会简单选择他们最喜欢的女孩。相反，他们会选择那些他们觉得大家都会选择的女孩。如果读者格外聪明，他们会更上一层楼，试着找出其他人都觉得是最受欢迎的女孩。

根据凯恩斯的看法，股市的情况与此类似。在预测股价时，投资者实际上就是在预测所有其他人的做法。股价上涨并不一定是因为一个公司的基本面良好，有可能是因为其他投资者认为这家公司很有价值。想要知道其他投资者的想法，意味着需要进行大量的揣测。这还不算，现代股市与纸媒时代已渐行渐远，信息传播和响应都非常快速，而这也是算法可能遇到麻烦的地方。

程序经常被视作复杂又不透明的东西。实际上，"复杂"貌似是描述交易算法（或任何算法）的记者最喜欢用的形容词。但是在高频交易中，情况正好相反：如果想要快速，就要保持简单化。在金融产品交易时，需要处理的指示越多，就会越费时。比起让程序因细枝末节而变得异常复杂，创造者更愿意把策略限制在几行代码中。多因·法默警告说，这会让理性无处容身。他说："当能做的事情限制在 10 行代码内，就不存在理性了。这甚至没达到昆虫的智力。"[27]

当交易员对重大事件做出反应时，不管是一条推文或是一笔重要的售出订单，都将引起监测股市活动的高速算法的注意。如果其他人在卖出股票，它们也会加入。当股价暴跌时，程序也会跟从他人的交易，让价格愈发下跌。股市变为一个飞速的选美比赛，没有人想选错女孩。速度带来了严重的问题，毕竟，当算法的执行速度比人类大脑的处理进度还快时，很难判断谁会先行动。法默说："你没有时间思考，它催生了过度反应和羊群效应，从而产生极大危害。"

羊群效应　　也叫"从众效应"，是指市场上存在一些没有形成自己的预期或没有获得一手信息的投资者，他们将根据其他投资者的行为来改变自己的投资行为。

有些交易员报告说微型闪崩经常发生。[28] 这些冲击没有严重到能上头条的地步，但若仔细观察，也能发现它们的存在。股价可能会在几分之一秒内下跌，或者交易活动数量会突然变为原来的100倍。事实上，每天可能有好几次这样的"闪崩"。迈阿密大学的研究者查看2006年至2011年的股市数据时，发现数千起"超高速极端事件"，即股价在不到一秒的时间内暴跌或暴涨，然后恢复原价。[29]研究带头人尼尔·约翰逊（Neil Johnson）说，这些事件远非传统金融理论所能解释。"人类不可能实时参与，而程序的超高速生态系统正在崛起并掌管了一切。"[30]

当人们谈论混沌理论时，他们常常聚焦在物理层面。他们可能会提到爱德华·洛伦茨以及他在天气预报和蝴蝶效应上的工作：天气的不可预测性，以及由昆虫翅膀的扇动而导致的龙卷风。或者他们可能会想起"善魔"的故事和轮盘赌预测，以及美式撞球的小球轨迹如何对初始条件极其敏感。但是混沌理论已经超出了物理科学的范畴。当"善魔"成员准备把他们的轮盘赌策略带到拉斯维加斯时，在美国的另一边，生态学家罗伯特·梅正在研究一个思想，而它将彻底改变我们思考生态系统的方式。

普林斯顿大学的氛围跟拉斯维加斯相去甚远。校园由新哥特式的大楼和阳光斑驳的四方院落组成，堪称迷宫；松鼠从爬满常青藤的拱廊中跑过，学生们标志性的橙黑相间的围巾在新泽西的风中飘扬。仔细观察的话，能发现过去住在这里的名人的踪迹。有一条"爱因斯坦大道"环绕在普林斯顿高等研究院的前面。有段时间，这里还有一个"冯·诺伊曼转角"，因为这位数学家屡次在那撞车而得名。据说冯·诺伊曼还为某次撞车找了个特别牵强的借口。他说:"我正沿着路往前开，右边的树以96千米/时的速度依次经过我的车。突然其中的一棵挡住了我的路。"[31]

20世纪70年代，罗伯特·梅在普林斯顿大学担任动物学教授。他花了大量时间研究动物群落。他对动物数量如何随时间变化尤其感兴趣。为了研究不同因素对生态系统的影响，他构建了一些简单的有关种群数量增长的数学模型。[32]

从数学角度来看，最简单的种群数量类型是以离散的爆发形式繁殖的种群。以昆虫为例，很多温带物种每季繁殖一次。生态学家可以利用一种叫作"逻辑映射"(logistic map)的方程来探索假定昆虫种群的行为。这一概念最早于1838年由比利时统计学家皮埃尔·韦吕勒(Pierre Verhulst)提出，他那时正在调查种群数量增长的潜在限度。[33]为了用逻辑映射来计算某一特定年份的种群密度，我们要考虑三个因素:种群数量增长率、前一年种群密度以及可用空间，即资源量。该方程的数学形式如下所示:

来年的种群密度＝增长率 × 当前种群密度 ×（1-当前种群密度）

逻辑映射建立在一套简单的假设上，当增长率很小时，得出的结果很简单（见图5-1）。经过几个季度后，种群数量会稳定下来，种群密度也会连年保持一致。

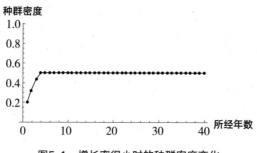

图5-1　增长率很小时的种群密度变化

　　这一情况随着增长率提高而改变。最终，种群密度开始来回振荡。在某一年，很多昆虫被孵化出来，减少了可用资源。到了此后的第二年，存活下来的昆虫更少，从而为种群下一年的发展提供了更多生存空间，以此类推。如果我们画出种群数量随时间的变化图，就会得到图 5-2。

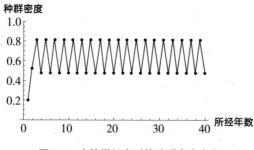

图5-2　中等增长率时的种群密度变化

当增长率提高时，奇怪的事情发生了。种群密度既非稳定在某个固定数值上，也非在两个数值间可预测地交替，而是开始变得杂乱（见图5-3）。

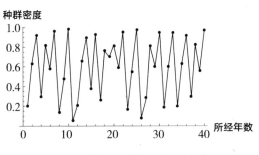

图5-3 高增长率时的种群密度变化

请记住，该模型中并无随机性，也没有偶然事件。动物种群密度取决于简单的一行方程，然而结果却是一系列起伏的数值，充满了随机性的噪声，并无清晰的模式可循。

罗伯特·梅发现，混沌理论可以解释这一切。种群密度的波动正是种群数量对初始条件敏感的结果。正如庞加莱在轮盘赌中发现的那样，一个初始条件的小小改变就会对后来发生的一切产生巨大影响。虽然种群数量遵循清晰的生态学过程，却无法预测它在遥远未来会如何变化。

轮盘赌能够产生意外结果在意料之中，但生态学家震惊地发现简单如逻辑映射般的东西也能产生如此复杂的模式。罗伯特·梅提醒说，这一结果可能在其他领域也产生令人不安的影响。从政治到经济，人们需要意识到，**简单系统未必会以简单的方式运行。**

除了研究单一种群外，罗伯特·梅开始把生态系统作为一个整体来考虑。比如，当越来越多生物加入一个环境，产生一个复杂的交互网络时，会发生什么？在20世纪70年代早期，很多生态学家会给出一个积极的答案。他们相信复杂性本质上是一件好事，生态系统多样性越丰富，面对突然冲击时的稳定性就越好。

这是正统说法，但罗伯特·梅并不信服。为了验证复杂系统是否真的稳定，他研究了一个假想的生态系统，其中有着大量相互作用的物种。相互作用是随机选择的：有些对物种有利，有些则有害。然后他观察了该生态系统被破坏时的状况，以此来衡量生态系统的稳定性，看看它是否会恢复原状，还是恰恰相反，比如走向崩溃。这是用理论模型来研究的优势之一：可以不用扰乱一个真实的生态系统，就可测试出其稳定性。

罗伯特·梅发现，生态系统越大就越不稳定。[34] 事实上，随着物种数量变得非常多，生态系统存续的概率跌到了0。增加物种复杂性也会产生类似的有害影响。当生态系统内部连接增强，两个给定物种相互作用的概率更高的话，它会变得更不稳定。该模型几乎可以肯定地表明，大型复杂生态系统存在的可能性很低。

当然，自然界中也有很多虽然复杂但看上去稳健的生态系统。雨林和珊瑚礁中有大量不同物种，但它们并未崩溃。生态学家安德鲁·多布森（Andrew Dobson）认为，在生物学上，这种情况相当于欧洲货币联盟成立初期的一个笑话。[35] 当时，有观察家表示，尽管欧元是流通货币，但我们仍不清楚它在理论上为何可行。

为了解释理论和实际的差异，罗伯特·梅认为，自然界采用了迂回策略来维持稳定。随后，研究者提出了各种错综复杂的策略，试图使该理论贴近现实。但是，芝加哥大学的生态学家斯特凡诺·阿莱西纳（Stefano Allesina）和唐思（Si Tang，音译）认为，这可能没有必要。[36] 2013 年，他们针对罗伯特·梅的模型和真实生态系统间的差异，提出了一个可能的解释。

当罗伯特·梅假设不同物种间存在或正面或负面的随机相互作用时，阿莱西纳和唐思则关注自然界常见的三种特定关系。第一个种是猎食关系：一个物种以另一个物种为食；显然，猎食者从这种关系中受益，猎物则受损。第二种是合作关系，两个物种都从这一关系中受益。第三种是竞争关系，两个物种都遭受负面影响。

接下来，研究者探讨了每种关系对整体系统稳定性所起的作用。他们发现，过高水平的竞争或合作关系会造成不稳定，而猎食关系则对系统有稳定作用。换句话说，只要大型生态系统的核心存在一系列猎食关系，它就能抵御扰动。

　　所以，这对于博彩和金融市场意味着什么呢？正如生态系统一样，这些市场上也存在着几种不同的程序物种。每种都有着不同的目标，以及特定的优势和劣势。有猎食套利机会的程序，它们想率先对信息做出反应，不管那是重要事件还是错误定价。还有的是"做市商"，接受两边的交易或投注，利用价差中饱私囊。这些程序本质都是庄家，通过预测行为发生的时机来赚钱。它们低买高卖，以实现收支平衡。此外，还有想要通过把微型交易偷偷带入市场来隐藏大型交易的程序。同时，还有盯着这些大型交易的猎食者程序，意图通过发现这种大型交易，并利用后续的市场转向。

　　在2010年5月6日的"闪崩"中，有超过15 000个账户正在交易危机中涉及的期货合约。在随后的一份报告中，美国证券交易监督委员会根据这些交易账户的角色或策略，将它们分为几类。尽管对于当天下午具体发生了什么仍有争议，但如果崩盘确实是由某个单一事件触发的，就像这份报告认为的那样，后续的灾难就并非由单一算法导致。它大概率来自很多不同交易程序的相互作用，每个程序都对事态做出了自己的反应。

　　在"闪崩"中，有些相互作用造成了破坏性极大的影响。在危机中期的下午2点45分，期货合约买家出现了短缺。高频算法彼此进行交易，在14秒内交换了27万份期货。交易所于是有意休市了几秒，控制住了价格的失控下跌后，一切才恢复正常。

　　与其把博彩或金融市场视为一套静态经济学规律，不如把它们视作生态系统。有些交易员是猎食者，以弱小的猎物为食。其他人则像是竞争者，用同样的策略彼此争斗，两败俱伤。因此，很多来自生态学的思想和提醒都可以应用到市场上。比如，简单性并不意味着可预测性。甚至即使算法遵从简单规则，它们也不一定按简单的方式运行。市场也与相互作用的网络有关，有些强韧有些脆弱，这也就意味着在同一个地方有着很多不同的程序并不一定是好事。就像罗伯特·梅指出的那样，让生态系统更复杂，并不一定会使其更稳定。

　　然而，当有很多人在寻找牟利策略时，复杂性的增加是不可避免的。不管是在博彩领域还是金融领域，一旦其他人注意到正在发生的情况，那些点子带来的利润就没有那么丰厚了。当可资牟利的情况广为人知时，市场就变得更有效，优势也就消失了。因此当现有方式变得多余时，策略也将不得不继续进化。

　　多因·法默曾指出，进化过程可以被分为几个阶段。[37]为了找出好的策略，首先你需要发现一种可牟利的情况，其次，你需要拿到足够多数据来测试策略是否可行。就像赌徒需要很多数据来给赛马或球队评分一样，交易员也需要足够多信息来保证这优势确实存在，而非只是随机误差。在预测公司，这一过程完全是由算法驱动的。交易策略被法默称为"进化的自动机"，决策过程随着计算机不断累积新的经验而发生转变。

交易策略的保质期取决于完成每个进化阶段的难易程度。法默认为市场变得有效而策略失效可能需要数年时间。当然，市场失效越严重，就越容易被发现和利用。因为基于计算机的策略一开始都非常赚钱，所以更容易出现效仿者。因此算法必须比其他类型的策略进化得更快。法默说："争夺优胜的英雄传奇将永远继续。"

在金融市场和博彩交易所游走的算法数量不断增加。这是这两个行业的最新结合。这两个行业一直共享从概率论到套利的众多概念，但是，金融和博彩的区别比以往任何时候都显得更加模糊了。

几家博彩网站现在都允许人们针对金融市场投注。就像其他类型的在线投注一样，这些交易都属于投注，所以在很多欧洲国家是免税的，至少对顾客是这样的，但仍会对庄家收税。其中一个最流行的金融投注活动是"差额投注"（spread betting）。[38] 2013 年，英国大约有 10 万人以这种方式投注。

差额投注　　判断得分、点数等预测数目过高还是过低的体育博彩项目，输赢款额依判断的准确程度而定。

在传统赌局中，赌注和潜在收益是固定的。你可能会投注某支球队获胜或者某只股票价格上升。假设结果如你所愿，你就赢得收益，否则你就损失投注金额。差额投注有些不同。你的利润不是取

决于结果，而是取决于结果的规模。假设一只股票的价格现在是
50 美元，你认为一周内它会涨价。差额投注公司会为你提供一种
每高于 51 美元一个点你就能赚到 1 美元的差额投注方法。当前价
格与给出价格的差就是差额，也是庄家赚钱的方法。股价从 51 美
元起，每上涨 1 美元，你都会得到 1 美元；每下降 1 美元，你都
会输掉 1 美元。从收益上看，这与简单地买入股票一周后卖出并无
太大差异。你从博彩和金融交易上赚到和输掉的钱基本差不多。

但这里有个关键差异。如果你在英国进行股票交易并获利，则
需缴纳印花税和资本利得税。[39] 但如果你选择差额投注，就不需要
缴税。在其他国家可能有所不同。在澳大利亚，差额投注的利润也
被归类为收入，仍然需要缴税。[40]

无论是投注还是金融交易，交易监管都是一种挑战。但是处
理错综复杂的交易生态系统时，监管行为会带来何种效果，并不明
朗。2006 年，美国联邦储备系统（简称美联储）和美国国家科学院
把金融家和科学家叫到一起，讨论金融业的"系统性风险"。[41] 这一
举措意在把金融系统的稳定性当作整体而非单一成分的行为来考虑。

在会议中，美联储经济学家文森特·莱因哈特（Vincent
Reinhart）指出，一种行为可能会产生多种潜在结果。当然，问题
是哪个结果会占据上风。结果并不只是取决于监管机构的行为。它
也取决于政策如何传达，以及市场对消息如何反应。这就是从物理

学借来的经济学方法的不足之处。物理学家的研究遵循的是已知规律的相互作用，他们通常并不需要处理人类行为。莱因哈特说："百年一遇的风暴发生的概率并不会因为人们觉得它变得更有可能而改变。"

列席会议的生态学家西蒙·莱文（Simon Levin）详细阐述了行为的不可预测性。他认为，美联储可用的那些经济干预都意在通过改变个体行为来改善整个系统。尽管某些举措可能改变个体行为，但很难阻止恐慌在整个市场蔓延。

然而，信息的传播只会变得更快。新闻不再需要被人类阅读和处理。程序自动消化了新闻，把它交给另外的程序，进而做出交易决策。单个算法对其他算法的行为做出反应，在人类永远不可能完全监督的时间尺度上做出决策。这会带来戏剧性的、不可预料的行为。这种问题往往来自一个事实，即高频算法的设计理念就是简单又快速。程序很少是复杂或聪明的，设计它们的目的就是在所有人之前抢占先机。但是，一个机器人赌徒成功与否，并不总是关乎先机。我们会发现，有时聪明也是有好处的。

THE
PERFECT
BET

06
虚张声势的人生，
最佳策略的博弈

THE OPTIMAL STRATEGY ISN'T A CASE OF
'HOW DO I WIN THE MOST?' BUT ONE OF
'HOW DO I LOSE THE LEAST?'

最优策略关注的并不是"如何赢得最多"，
而是"如何输得最少"。

2010 年夏天，扑克网站发起了一次严厉打击机器人玩家的行动。[1] 通过伪装成人类，这些机器人赢走了成千上万美元。很显然，他们的人类对手很不开心。作为报复，网站运营者关闭了显然由软件运行的账户。一家公司发现机器人玩牌赢钱后，退还给玩家约 6 万美元。

不久后，计算机程序又出现在线上扑克牌局中。2013 年 2 月，瑞典警方开始调查在国有扑克网站上出没的扑克机器人。[2] 他们发现，这些机器人已经赢了超过 50 万美元。[3] 让扑克公司忧虑的并不是机器人赢了多少钱，而是它们赢钱的方式。机器人不是在低筹码牌局中从菜鸟玩家身上赢钱，而是在高筹码牌局中赢钱。在这些高度复杂的机器人玩家被发现之前，很少有人意识到它们能玩得这么好。[4]

但是扑克算法并非一开始就如此成功。当机器人在 21 世纪初刚开始流行时，它们很容易被击败。所以，这些年机器人发生了什么改变？为了理解为什么机器人在玩扑克方面日益得心应手，我们必须先看看人类是怎么玩的。

纳什均衡与囚徒困境

美国国会在 1969 年提出一项建议禁止在电视上播放烟草广告的议案时，人们都以为美国烟草公司会大发雷霆。毕竟，烟草公司前一年花费了 3 亿美元推广他们的产品。[5] 因为涉及的利益如此之大，这项禁止活动肯定会令烟草公司使出撒手锏。他们会聘请律师，挑战议员，反击禁烟活动人士。投票日期被定于 1970 年 12 月，这给了烟草公司 18 个月来采取行动。[6] 所以他们最后做了什么？几乎什么也没做。

这一禁令不仅远未伤及烟草公司利润，还正中他们下怀。[7] 多年来，这些公司都深陷在一个荒谬的游戏中。电视广告对人们抽不抽烟并无多大影响，理论上就是浪费金钱。如果这些公司协同一致停止在电视上播放广告，那么他们的利润必然可以提高。但是，广告确实会对人们抽哪个品牌的烟有影响。所以，如果所有烟草公司都停止了推广活动，而其中一家重新开始投放广告的话，那么这家公司就会从其他公司那里"偷"走顾客。

对一家公司来说，无论竞争对手是否投放广告，自己最好还是投放。因为它这么做，一方面可以从没有推广产品的公司那里抢占更多市场份额，另一方面能够避免被投放广告的公司抢走顾客。尽管如果合作的话，大家都可以省钱，但每家公司都可通过投放广告受益。这就意味着所有烟草公司不可避免地落入同样的境地，通过做广告来阻碍其他公司抢占更多市场份额。经济学家将个人根据其他人的选择做出最佳决策的情况称作"纳什均衡"（Nash equilibrium）。这样一来，每家公司的开支只会不断上升，直到这个昂贵的游戏停止。或者有人迫使它停止。

纳什均衡 博弈论概念，由美国数学家、经济学家约翰·纳什（John Nash）提出。它是指假设有 n 个人参与博弈，在给定其他参与人策略的条件下，每个人选择自己的最优策略，所有参与人选择的策略一起构成一个策略组合。这时，没有任何一个人有积极性选择其他策略，因此任何人都没有积极性打破这种均衡。

美国国会最终在 1971 年 1 月禁止在电视上播放烟草广告。一年后，烟草广告总开支降低了超过 25%。然而烟草收入依然稳定。[8] 由于政府的介入，均衡被打破了。

约翰·纳什在普林斯顿大学读博士时发表了他的第一篇博弈论论文。他于 1948 年入学，并且因其本科时导师的推荐而被授予奖学金。推荐信只有两行字："纳什先生今年 19 岁，将于 6 月从卡内基技术学院①毕业。他是一个数学天才。"[9]

在接下来的两年里，纳什对"囚徒困境"（prisoner's dilemma）的一个版本进行了研究。囚徒困境这一假想问题是说两个犯罪嫌疑人在犯罪现场被抓，随后被关在单独的牢房里。他们必须在保持沉默或指认另一人中做出选择。如果他们都保持沉默，那么两人都会被判一年有期徒刑。如果其中一个人保持沉默而另一个人揭发同伴，则保持沉默的犯人将被判三年有期徒刑，而揭发他的犯人则会被无罪释放。如果两人都认罪，那么两人都会被判两年有期徒刑。

囚徒困境　　博弈论概念。非零和对策的著名例子，产生于被拘留并分别受审的罪犯的决策问题。假设检察官认为他们有罪，但未获得确凿的证据。摆在两名罪犯面前的情况是：两个人都不招供并且不告发同谋者，则他们都会免受惩罚或获得较轻的处罚；如果一个人招供而另一个人拒绝招供，则招供者会被从轻发

---

①卡内基技术学院为卡内基梅隆大学的前身。——编者注

落，而不招供者会受到严惩；如果两人都招
供，则他们都会被判刑，但不如只有一个人
招供时判得那么重。本来"最好的"选择是
攻守同盟，拒不认罪，但从人的理性出发，
每个人都想从轻发落而让他人承担后果。然
而，这一符合个体理性的选择却导致了明显
的不符合集体理性的后果。

总的来说，两个人最好是都保持沉默并获刑一年。但是，如果
你是个被单独关在牢房里的犯人，无法知晓你的同伴会做出怎样的
选择，那么老实交代总是好一些：如果你的同伴保持沉默，你会被
无罪释放；如果你的同伴开口，你也只会获得两年而非三年刑期。
因此，囚徒困境博弈的纳什均衡就是两人都开口交代。尽管他们都
会被判入狱两年而非一年，但如果其中一人独自改变策略并无任何
好处。如果把交代与保持沉默替换成做广告与不做营销推广，那就
是做广告的公司面临的囚徒困境问题。

纳什于 1950 年获得博士学位，他在毕业论文中描述了纳什均
衡有时为何会阻碍看上去有利的结果。但是纳什并不是第一个用数
学方法解答竞技比赛难题的人。历史把这一荣誉给了冯·诺伊曼。
尽管后来冯·诺伊曼因在洛斯阿拉莫斯和普林斯顿的岁月而闻名，
但 1926 年时他还只是柏林大学的一位年轻讲师。事实上，他是该
校历史上最年轻的讲师。虽然他的学术成就相当辉煌，但他也有不

是很擅长的东西，[10] 其中就包括扑克。

　　扑克看上去是为数学家设计的理想游戏。初看起来，它只是一个概率游戏：你拿到一手好牌的概率，以及对手拿到更好的牌的概率。但任何玩过牌的人都知道事情没那么简单。冯·诺伊曼提到："现实中有诈唬，有欺骗的战术，你还要考虑其他玩家会如何猜测你的行为。"[11] 如果他要掌握扑克的玩法，就得找到一种方法了解对手的策略。

　　冯·诺伊曼从扑克的最基本形式入手研究，也就是只有两个玩家的情况。[12] 为了进一步简化问题，他假设每个玩家都拿到一张牌，牌上的数字为 0 或者为 1。游戏开始时，两名玩家拿出 1 美元作为赌资。第一个玩家（我们叫她爱丽丝）有三个选项：弃牌，从而输掉 1 美元；过牌（等于不投注）；或者投注 1 美元。她的对手可以选择弃牌，从而输掉赌金，或者同样投注 1 美元，这样一来，赢家取决于谁的牌面数字更大。

　　显然，爱丽丝一开始就弃牌是毫无意义的，但她应该过牌还是投注？冯·诺伊曼分析了所有可能的结果，研究了每个策略的预期利润。他发现，牌非常小或非常大时她应该投注，否则就应该过牌。换句话说，她应该只在牌最差时进行诈唬。这看上去也许反直觉，但是所有优秀的扑克玩家都遵循类似的逻辑。如果爱丽丝的牌是一个普通偏小的牌，那么她有两个选择：诈唬或者过牌。如果拿到烂牌，爱丽丝赢的唯一希望在于对手弃牌。因此她应该诈唬。如果拿到的是中等的牌就比较麻烦了。诈唬不会让拿到了好牌的对手弃牌，也不值得爱丽丝下注，从而寄希望于在亮牌时发现自己的中等牌可能比对手的牌大，因为这种可能性非常渺茫。所以，最好的选项是过牌并等待好运。

1944 年，冯·诺伊曼和经济学家奥斯卡·摩根斯坦（Oskar Morgenstern）在著作《博弈论与经济行为》（*Theory of Games and Economic Behavior*）中发表了他们的见解。[13] 尽管他们的扑克版本是真实情况的简化版本，但他们破解了一个长期困扰着玩家的难题，那就是诈唬是不是牌局的必要部分。多亏了冯·诺伊曼和摩根斯坦，现在已经有了肯定答案的数学证明。

虽然热爱柏林的夜生活，但冯·诺伊曼去赌场时并未运用博弈论。[14] 他只把扑克当作智力挑战，最终开始研究其他问题。数十年后，玩家才弄明白怎么运用冯·诺伊曼的思想来赢钱。

"如何赢得最多"还是"如何输得最少"

比尼恩赌场位于老拉斯维加斯，远离长街（the Strip）的演出和喷泉，坐落于赌城的闹市区中心。大多数酒店除了赌场外还配备了剧院和音乐厅，而比尼恩赌场是从一开始就为赌而建的。1951年开业时，它的下注限额比其他赌场都高得多，其入口处有一只巨大的、开口朝下的马蹄铁，横跨在一个装着百万美金的盒子上方。比尼恩赌场也是第一个通过为所有顾客提供免费饮料来留住他们和他们的钱的赌场。所以很自然地，1970年首届世界扑克系列赛正是在比尼恩赌场举行的。[15]

接下来的数十年里，玩家们每年都聚集在比尼恩赌场来比拼智慧和运气。有些年份竞争格外激烈。早在1982年的比赛中，杰克·斯特劳斯（Jack Straus）一开始陷入了连输困境，只剩下一枚筹码。[16]不认输的他成功赢了几手，留在了牌局中，并最终获得了整个联赛的冠军。据说当斯特劳斯后来被问及扑克玩家需要什么来获得胜利时，他回答道："一枚筹码和一把椅子。"

2000年5月18日，第31届世界扑克系列赛迎来了决赛。留在比赛中的只剩下两个人。牌桌的一边是来自得克萨斯州的扑克老手T. J.克劳迪尔（T. J. Cloutier），另一边坐着克里斯·弗格森（Chris Ferguson），他是一个长发的加利福尼亚人，喜欢戴着牛仔帽和墨镜。牌局开始时弗格森的筹码比克劳迪尔的多得多，但是每过一轮，他的领先优势都会减小。

当两位玩家差不多打平时，庄家又开出了一套牌。他们玩的是德州扑克，弗格森和克劳迪尔首先各拿两张底牌。看过自己的手牌，也就是当天的第93轮手牌后，克劳迪尔以投注近20万美元开局。弗格森觉得有机会重新领先，于是将赌注加到50万美元。

但克劳迪尔同样充满自信，自信到把所有筹码都推到牌桌中央作为回应。弗格森又看了一眼自己的牌。克劳迪尔真的拿到了更好的牌吗？仔细思考了可选项后，弗格森决定跟进克劳迪尔接近 250 万美元的赌注。

在德州扑克中，一旦初始底牌发完后，最多还有 3 轮投注的机会。第一轮叫作"翻牌"，荷官会再发出 3 张牌，这次发的牌正面朝上。如果继续投注，那么有一张牌，即转牌会被翻开。再一轮投注意味着牌局进入了"河牌"，第五张牌会被翻开。玩家可以从 2 张底牌加 5 张公共牌中选出 5 张，这 5 张牌更大的玩家，就将成为赢家。

因为克劳迪尔和弗格森都在一开始就押上了全部筹码，就不需要再投注了。但他们需要翻开自己的底牌，然后看庄家一张张翻开 5 张其他牌。当两个玩家展示了底牌后，围在牌桌旁的人知道弗格森有麻烦了。克劳迪尔有 1 张 A 和 1 张 Q，而弗格森只有 1 张 A 和 1 张 9。首先，庄家翻开翻牌：1 张 K、1 张 2 和 1 张 4。克劳迪尔依然占据上风。接下来是转牌，又 1 张 K。因此牌局取决于河牌了。最后一张牌翻开后，弗格森从座位上蹦了起来。是 1 张 9。他赢得了牌局和整个联赛。在弗格森赢得 150 万美元的奖金后，克劳迪尔问他："你没想到赢我会这么困难吧？"[17] 弗格森回答道："我想到了。"

在克里斯·弗格森的赌城大胜之前，没有一个扑克玩家在联赛中赢得过超过 100 万美元的奖金。[18] 但和很多竞争者不同，弗格森的非凡成功并不只是靠直觉或本能。参加世界扑克系列赛时，他运用了博弈论。

击败克劳迪尔一年前，弗格森在加州大学洛杉矶分校完成了计算机科学博士学位的学习。那时，他是加州彩票局的一名顾问，负责给现有游戏挑毛病，再想出新的游戏。[19] 他的家人也有着数学背景：父母都获得了数学博士学位，父亲托马斯·弗格森（Thomas Ferguson）还是加州大学洛杉矶分校的一名数学教授。

在博士研究阶段，弗格森会在早期的网络聊天室里玩假钱（play money）游戏。他把扑克当作一种挑战，而且他玩得相当好。聊天室游戏并不会带来实际利润，但它们给了弗格森大量的数据。与计算机算力的进步结合，让他能够研究大量不同的手牌，对投注多少以及何时进行诈唬进行评估。[20]

跟冯·诺伊曼一样，弗格森很快意识到如果不进行一些简化的话，扑克太过复杂将无法好好研究。在冯·诺伊曼的思路的基础上，弗格森决定分析如果两个玩家有更多选项会发生什么。[21] 当然，在真实的牌局中起初他会有多于一个对手，但是分析简单的两人对战场景依然很有用。随着投注轮次的增加，可能会有玩家弃牌，所以当终局到来时，往往只剩下两位玩家。

不过这时两位玩家仍有很多选择。在冯·诺伊曼研究的游戏中，第一个玩家爱丽丝有三个选择：下注1美元、过牌或者弃牌。但在真实牌局中，她可能会做其他事，比如改变投注额度。

第二个玩家也未必会选择跟注或弃牌。他也可能跟克劳迪尔一样，自信满满地加注。

随着更多选项出现，选择最佳选项变得越发复杂。在简化的版本中，冯·诺伊曼展示了玩家可以应用"纯粹策略"，即遵循固定法则，比如：如果这件事发生，总是做A行为，以及如果那件事发生，总是做B行为。但是纯粹策略并不总是好的选择。比如剪刀石头布游戏，每次都做同样的选择确实保证了一致性，但对手发现你的做法后，这一策略就很容易被击败。更好的选择是使用"混合策略"。比起总是做出相同的选择，你应该交替使用几个纯粹策略：按一定的概率分别出石头、布或剪刀。在理想情况下，这三个选项达到某种平衡时，对手就完全无法猜到你会出什么了。对剪刀石头布游戏来说，对付新对手的最优策略就是随机选择，每个选择各占1/3时间。

混合策略也在扑克中出现了。对终局的分析显示你应该平衡说实话和诈唬的次数，这样你的对手就不知道该跟还是弃牌。就像剪刀石头布游戏，你不希望其他人弄清楚你会怎么做。弗格森说："你总是希望对手的决定越难做出越好。"[22]

　　从聊天室游戏中筛查了大量数据后，弗格森发现了其他可改进的领域。当熟练玩家拿到好牌时，他们会加重注以迫使对手弃牌。这就消除了当公共牌被翻开时弱牌变为赢牌的风险。但是弗格森的研究显示加注不能太高了，有时应该下小一些的注，从而让其他玩家留在游戏中。这意味着手气好的时候可以赢更多钱，而如果输了这一轮也不会输掉太多。[23]

　　在研究中，弗格森发现扑克的成功方法并不意味着不惜一切代价追求利润。他在《纽约客》的一次采访中表示，**最优策略关注的并不是"如何赢得最多"，而是"如何输得最少"**。[24] 新手玩家经常把两者搞混，结果弃牌次数不够。确实，一旦弃牌就不可能赢钱，但是旁观这一局，玩家就可以避免在这一轮投注中注定输钱的情况。将分析结果整理成一张详细的表格后，弗格森记住了策略，包括何时诈唬，何时投注，加注多少，然后就开始玩真的了。他于1995 年开始自己的首次世界扑克系列赛，5 年后他成了总冠军。[25]

　　弗格森总是喜欢学习新技能。他有次学会了从三米外飞速扔出一张牌，把一根萝卜切成了两半。2006 年，他决定接受一项新的挑战。他将从零开始赚到 1 万美元。[26] 他的目的是展示扑克中资金流管理的重要性。就像玩家们可以利用凯利公式在玩 21 点和体育博彩时调整赌注大小一样，弗格森知道调整自己的玩牌风格从而平衡利润和风险有多重要。

因为要从 0 美元开始，弗格森的第一个任务是得到现金。幸运的是，有些扑克网站每天都有"免费联赛"。数百名玩家免费参赛，排名靠前的十几个人可以得到现金奖金。著名选手很少参加免费联赛，更不用说认真对待了。当其他在线玩家发现自己的比赛对手是克里斯·弗格森时，大多数人以为这是个玩笑。为什么世界冠军要来免费的牌桌打牌呢？

经过几次尝试，弗格森最终赢得了一笔他急需的现金。他后来写道："我记得挑战开始几周后赢了第一个 2 美元，然后我花了 3 天来设计策略，反复思忖拿它去玩什么比赛。"[27] 他选择了可能范围内筹码最低的比赛，但仅仅一轮就输光了。发现自己重回原点，他又回到免费联赛从头开始。显然，如果要达到自己的目标，他必须极度自律。

每周玩大概 10 小时，弗格森花了 9 个月时间赢得 100 美元（他本以为 6 个月就能做到）。他继续努力，遵守一套严格的规则。比如，在一场比赛中，他只会承担 5% 现金流的风险。这意味着如果他输了几轮，就必须回到低筹码牌桌。他发现从心理上很难接受降级。弗格森习惯了高筹码比赛的兴奋和它们带来的利润。降级后，他会走神，也很难遵守自己的规则。比起承担更多风险，他选择了退后。除非重新保持注意力，否则继续比赛毫无意义。这一自我约束获得了回报。又经过 9 个月的小心比赛，弗格森终于赢得了 1 万美元。

现金流挑战以及早年的世界扑克系列赛战绩，帮助弗格森获得了"扑克理论大师"的名号。他很多次获得成功得益于对最优策略的研究，但是这些策略只存在于像扑克这样的游戏中吗？这一问题也是冯·诺伊曼在柏林大学开始研究双人对局时最开始问的几个问题之一。这一问题的答案不仅奠定了博弈论领域的基础，还将引发"谁是博弈论真正创立者"的争议。

最小最大化问题

像扑克这样的游戏是零和博弈，赢家的利润等于输家的损失。涉及两个玩家时，这意味着一方总是想要最小化对方的收益，而对方总是想最大化自己的收益。冯·诺伊曼将这种现象称作"最小最大化问题"（minimax），并且想要加以改进，让两个玩家都能在这一"拔河游戏"中找到最优策略。为此，他需要证明每个玩家都可以找到一种方法最小化可能输掉的最大金额，无论对手做什么都是如此。

零和博弈	博弈论概念。它是指参与博弈的各方，在严格竞争下，一方的收益必然意味着另一方的损失，博弈各方的收益和损失相加总和永远为"零"，故双方不存在合作的可能。

双人玩家的零和博弈最知名的例子就是足球中的罚点球。罚点

球有两种可能的结果：进球，执行方得分；没进球，守门方得分。点球踢出后，守门员拥有的反应时间非常短，所以他们大多数在对方踢出球之前就决定好了往哪个方向扑。

因为球员不是左利脚就是右利脚，选择在球门的左侧或右侧截球会改变得分的概率。布朗大学经济学家伊格纳修·帕拉修斯－赫尔塔（Ignacio Palacios-Heurta）在分析了 1995 年至 2000 年欧洲杯的所有点球后，发现进球概率取决于踢球员是否选择球门的"自然侧"。[28] 对于右利脚球员，自然侧就是球门左侧；对于左利脚球员，自然侧就是球门右侧。

点球数据显示，如果踢球员选择自然侧，而守门员选择了正确方向，踢球员得分的概率为 70%；而如果守门员选错方向，那么进球的可能性为 90%。作为对比，如果踢球员选择了非自然侧，若守门员选对方向则进球的可能性为 60%，反之则为 95%。点球得分概率取决于踢球员和守门员选择哪一侧的球门（见表 6-1）。

表6-1 点球得分概率

		守门员	
		自然侧	非自然侧
踢球员	自然侧	70%	90%
	非自然侧	95%	60%

如果踢球员想要最小化他们的最大损失，应该选择朝自然侧踢球：即使守门员选对了方向，踢球员也有至少 70% 的可能得分。而守门员应该朝踢球员的非自然侧方向扑。即使选择错误，那么踢球员进球的可能性也只是 90% 而非 95%。

如果这些策略是最优的，对踢球员和守门员来说，最差结果的概率应该是一样的。这是因为点球射门是零和博弈：双方都想最小化潜在损失，这也就意味着如果任意一方使用完美策略，就会最小化对手的最大收益。但是这显然不符合事实，因为对踢球员来说，最差的结果是射门得分的概率是 70%，而对守门员来说，最差的结果是守门失败的概率为 90%。

最差结果的概率并不一样的事实表明，任意一方都可以调整战术来提升成功概率。就像在剪刀石头布游戏中，在不同选项间切换比依赖纯粹策略要好。比如，如果踢球员总是选择自然侧，守门员应该时不时也选择这一侧，这样一来，结果最差的概率就从 90% 降至 70%。作为回应，踢球员也应该采用混合策略来反击这个战术。

帕拉修斯－赫尔塔在计算踢球员和守门员的最佳路径时发现，双方都应该按 60% 的概率选择球门的自然侧，其余时间则选择另一侧。就像扑克中的有效诈唬一样，这样做的结果是，对手完全不知道会发生什么，无法通过调整策略来增加胜率。无论守门员还是踢球员都因此成功降低了损失，同时最小化了对方的收益。值得一提的是，建议的 60% 这个数值与球员选择哪一侧的实际比例也就差几个百分点，这说明踢球员和守门员不管有没有意识到这几个百分点的差距，但都已经琢磨出了点球的最优策略。

冯·诺伊曼于 1928 年完成了最小最大化问题的解决方案，并发表了一篇名为《室内游戏理论》（*Theory of Parlour Games*）的论文，介绍他的研究成果。[29] 证明这些最优策略总是存在一个关键的突破点。他后来说，如果不存在这个突破点的话，继续博弈论研究也就没有意义了。

冯·诺伊曼用来破解最小最大化问题的方法并不简单。这种方法冗长又复杂，因此被描述为数学"特技"。但是并不是每个人对此都感到惊奇。法国数学家莫里斯·弗雷歇（Maurice Fréchet）辩称冯·诺伊曼的最小最大化问题背后的数学方法早就有了，但冯·诺伊曼本人显然并不知道。他说冯·诺伊曼把这一技术应用于博弈论"只不过是走进了一扇敞开的大门"。

弗雷歇提到的数学方法是指他的同事埃米尔·博雷尔早于冯·诺伊曼数年来的研究。当博雷尔的论文最终于 20 世纪 50 年代初用英文发表时，弗雷歇在该论文的引言中称博雷尔为博弈论的发明者。冯·诺伊曼火冒三丈，同弗雷歇在经济学期刊《计量经济学》（*Econometrica*）上你来我往地发表了"带刺"的评论。

这一争论引发了将数学应用于实际问题的两个重要事实。首先，很难判定谁是理论的提出者。应该把荣誉归于雕琢数学之砖的研究者还是把它们装配进实用架构中的人呢？弗雷歇认为"制砖人"博雷尔应该获得赞誉，而历史则把荣誉给了将数学用于建立博弈理论的冯·诺伊曼。

其次，这一争论还显示重要成果并不一定以最初的形式获得认可。虽然为博雷尔的研究据理力争，但弗雷歇认为最小最大化研究没什么特别之处，因为数学家早就知道这个概念，只不过它是不同的形式存在而已。只是当冯·诺伊曼把最小最大化概念应用于博弈后，它的价值才显现。就像弗格森把博弈论运用到扑克中后才发现它的强大之处一样，有时将一个对科学家来说无足轻重的想法应用于一个完全不同的领域，它才会显示其强大的威力。

在冯·诺伊曼与弗雷歇的激烈争辩如火如荼之际，约翰·纳什正在普林斯顿大学忙于完成博士学位。通过建立纳什均衡，他已经成功扩展了冯·诺伊曼的研究，让它适用于更广泛的情形。冯·诺伊曼研究双人玩家的零和博弈，而纳什指出即使在多人玩家和收益不对称的情况下，最优策略依然存在。对扑克玩家来说，知道完美策略总是存在只是第一步，下一个问题是如何发现它们。

大多数尝试开发扑克机器人的人不会把博弈论搜一遍来寻找最优策略。他们经常从基于规则的路径入手。对于每个可能在博弈中突然出现的情况，开发者制订了一系列"如果发生这个就做那个"的指令。因此基于规则的机器人的行为取决于开发者的投注风格，以及开发者认为一个优秀玩家应该采取怎样的行动。

2003 年，计算机科学家罗伯特·弗莱克（Robert Follek）开发了一个基于规则的扑克程序"翱翔机"（SoarBot）。[30] 他使用了密歇根大学研究者开发的一套名为"翱翔"的人工决策方法来创建翱翔机。在扑克游戏中，翱翔机的行动分为三个阶段。首先，它会记录现有情况，包括它分到的底牌、公共牌的牌面以及弃牌玩家的数量。然后，它利用这些信息在事先编写好的规则中进行梳理并找到与现有情况相关的那些规则。

汇集了所有可行选项后，它进入了决策阶段，基于弗莱克给它的参考内容来选择下一步行动。这一决策过程可能会出问题。有时参考内容并不完备，翱翔机要么没办法确认合适选项，要不就无法在两个潜在选项中做出选择。事先规定好的参考内容可能前后也不一致。因为弗莱克是单独输入每项参考内容的，有时程序可能会包含两个彼此矛盾的参考内容。例如，一条规则让翱翔机在某种情况下投注，而另一条规则在相同的情况下试图让它弃牌。

即使更多规则被手动加入，程序仍会时不时遇到不一致或不完备的情况。这种问题对数学家来说很常见。1931 年，获得博士学位后，库尔特·哥德尔（Kurt Godel）提出了一个定理，指出算术领域的理论不可能兼具完备性和一致性。他的发现令整个研究界震惊。那时，知名数学家正在尝试就这一主题建立一个包含各类规则和假设的稳健系统。他们希望通过建立稳健的系统消除最近发现的一些逻辑异常之处。这些研究者以冯·诺伊曼在德国时的导师、数学家希尔伯特（David Hilbert）为首，想要找到一套完备又一致的规则，从而实现"数学论断只通过这些规则即可证明"以及"所有规则都不存在相互矛盾的情况"。[31] 但是哥德尔不完全性定理说明这是不可能的：任何一套规则都有其特定性，总是存在需要额外的规则的情况。

　　哥德尔的逻辑严谨性在学术界之外也引发了问题。1948 年，他在为美国公民身份评估而学习时，告诉他的担保人奥斯卡·摩根斯坦，自己发现了美国宪法中的不一致之处。[32] 哥德尔说，这些矛盾为想成为独裁者的人创造了合法路径。摩根斯坦告诉哥德尔，在面试中提及这个发现并不明智。

　　对弗莱克来说幸运的是，开发"翱翔"技术的团队找到了绕过哥德尔提出的问题的方法。在一个机器人陷入困境时，它将教会自己一条额外的规则。所以，如果弗莱克的翱翔机无法决定怎么做时，它可以选择一个主观选项，并将这一选择加入它的规则体系。下次遇到同样的情况时，它就能搜索记忆找到上次的做法。这种让机器人随着时间推移能够加入新规则的机器学习类型，让它规避了哥德尔描述的陷阱。

当弗莱克让翱翔机与人类和机器对手比拼时，很显然，翱翔机并不能大杀四方。他说："它比最差的人类玩家玩得好得多，但比最好的人类玩家和程序玩家要差得多。"事实上，翱翔机的水平和弗莱克自己差不多。尽管他读了很多扑克策略，但他自身水平的不足成为他的机器人成功路上的障碍。

2004年后，随着可供玩家创造自己的机器人的廉价软件出现，扑克机器人日渐流行。[33]通过调整设置，玩家可以决定程序遵守哪些规则。有了精心选取的规则后，这些机器人可以击败部分对手。不过，就像弗莱克发现的那样，基于规则的机器人的结构意味着它们通常只是达到其创造者的水平。通过机器人在网上的胜率来判断，大多数创造者并不太擅长玩扑克。

因为基于规则的战术不容易找对，很多人开始尝试通过博弈论来提升他们的机器人的对弈水平。但对于像德州扑克这样复杂的游戏，要想找到最优战术很难。因为会出现大量不同的可能情况，所以很难计算理想的纳什均衡策略。一种解决方法是把事情简化，创造游戏的一个抽象版本。就像帮助冯·诺伊曼和弗格森理解了扑克游戏的极简扑克版本一样，做减法可以帮助我们发现接近真正的最优策略的战术。[34]

一个常见路径是把相似的扑克手牌收集到"桶"里。例如，我们可以算出一对给定底牌在摊牌时击败随机手牌的概率，然后把拥

有差不多胜率的手牌放进同一个桶。这样的近似化处理极大减少了
我们需要考虑的潜在场景的数量。

　　"分桶"在赌场游戏中也会出现。因为 21 点的目标是使牌面
值尽可能接近 21 点，知道下一张牌可能更大或更小会让玩家占上
风。算牌者通过记录哪些牌已经发出，还剩下哪些牌来获知这一信
息。但是赌场同时使用多达 6 副牌，要在每张牌出现时记住它是不
现实的。因此，算牌者常常把牌按类别分组。例如，他们可能会把
它们分为大、中、小三个桶。随着牌局推进，他们对已经见过的牌
的类型进行计数。当大牌被发出时，他们把计数加 1；当小牌出现
时，则将计数减 1。

　　在 21 点中，"分桶"只是提供了真实计数的估算：玩家使用的
"桶"越少，计数就越不精确。同样，通过"分桶"，扑克玩家无
法得到一个完美策略。它带来的是所谓的"近均衡策略"，其中一
些比另一些更接近真实优化。就像在罚点球时，踢球者可以通过改
变简单的纯粹策略来提高概率，这些"不那么完美"的扑克策略也
可以按玩家通过调整战术获得多少收益来分类。

　　即使包括了"分桶"法，我们还需要一个找出扑克的近
均衡策略的方法。一种方法是使用名为"最小化后悔"（regret
minimisation）的技术。[35]首先，我们创造一个虚拟玩家，给它一
个随机的初始策略。这样，在一种给定的情况下，它选择开局弃牌

的概率为 50%，选择投注的概率也为 50%，并且从不过牌。然后我们模拟大量的牌局，让这个玩家根据它后悔自己做出选择的程度来更新它的策略。例如，如果对手过早弃牌，玩家可能会后悔投注太高。随着时间推移，玩家会努力最小化它后悔的程度，从而在这一过程中逐步接近最优策略。

"最小化后悔"意味着问自己："如果我换个方法会有何感受？"大家发现在玩靠运气取胜的游戏时，回答这个问题的能力极其重要。2000 年，艾奥瓦大学的研究者报告说，在投注游戏中，与后悔有关的脑区（如眶额叶皮质）受损的人的表现与脑部未受损的人非常不同。[36] 这并不是因为相关脑区受损的人无法记住之前的糟糕决策。很多时候，眶额叶受损的人依然有着很好的记忆力：在处理将一堆牌分类或配对不同花色的任务时，他们基本上能顺利完成。但当他们需要处理不确定性问题并使用过往经验来衡量风险时，他们就陷入了困境。研究者发现，当后悔感在患者的决策过程中缺失时，他们很难掌握涉及风险因素的游戏。比起简单地期待最大化收益，有时需要复盘本来可能发生什么，以后见之明来优化策略。这与很多经济理论形成鲜明对比，经济理论的关注点往往是预期回报，在应用经济理论时，人们总是在努力最大化未来的收益。[37]

"最小化后悔"正在成为虚拟玩家的强大工具。通过反复玩牌和重新评估过往决策，机器人可以构建扑克游戏的近均衡策略。得到的策略比起简单的基于规则的方法成功多了。但是这样的路径依然依赖于估测，这也就意味着近均衡策略在面对一个完美的扑克机器人时很难取胜。但为一个复杂游戏打造一个完美机器人的难度可想而知。

跳棋已被破解

博弈论在所有信息可知的简单游戏中最为适用。井字格游戏就是个很好的例子：几局游戏后，大多数人都得出了纳什均衡。这是因为游戏的推进并没有太多路径："圈"或"叉"实现三连则游戏结束；玩家必须轮流落子；棋盘的朝向对游戏没有影响。所以，虽然 3×3 的棋盘上有 39 种方法来放置 X 和 O，但在这 19 683 个组合中，实际上只有大约 100 种落子方法是相关的。

因为井字格游戏如此简单，玩家很容易得出应对对手的完美路径。一旦双方都知道了理想策略，游戏总是会以平局结束。国际跳棋玩起来就没那么容易了。即便最优秀的玩家也没找到完美策略。如果说有人可能发现了完美策略，那么这个人一定是马里昂·廷斯利（Marion Tinsley）。

作为来自佛罗里达的数学教授，廷斯利以不可战胜而闻名。他于 1955 年赢得第一个世界跳棋大赛冠军，蝉联四年后，因为缺乏有力对手而选择退出比赛。1975 年重归赛场后，他立马击败所有对手重夺锦标。但是 14 年后，廷斯利对于这个游戏的兴趣再次开始消退。然后他听说加拿大阿尔伯塔大学正在研发一款软件。[38]

乔纳森·谢弗（Jonathan Schaeffer）是阿尔伯塔大学现在的理学院院长，但 1989 年他还是计算机科学系的一名年轻教授。花了点时间研究国际象棋程序后，他对国际跳棋产生了兴趣。同国际象棋一样，国际跳棋的棋盘也是 8×8 的方格。兵依斜线前进，在遇到对方的兵时，可以通过跳过来吃掉它们。抵达棋盘对面时，兵变为王，可以前后移动。规则的简单性让游戏理论家觉得跳棋非常有趣，因为它相对好理解，并且玩家可以详细预测每一步的结果。也许人们可以训练一台计算机，让它在对弈中获胜。

谢弗决定把这个新手跳棋项目命名为"奇努克"（Chinook），一种不时吹过加拿大草原的暖风。这名字一语双关，是从跳棋的英语名字 draughts（干燥）得到的灵感。[39]

在计算机科学系同事和跳棋迷组成的团队的帮助下，谢弗很快开始攻坚第一个挑战：如何处理游戏的复杂性。跳棋中有大概 10^{20} 种可能的位置，相当于 1 后面跟了 20 个 0；如果你从全世界所有海滩上收集沙粒，得到的沙粒数大概就是这个数字。[40]

为了在如此多的可能性选择中找到方向，这支团队让奇努克遵循最小最大化路径，找出花费最少的策略。在游戏中的每个点，奇努克都有一定数量的可选择的下法，其中的每一个选择又根据对手的行为而分叉为又一组选择。随着游戏的进行，奇努克"修剪"着这棵决策树，去掉可能会输掉游戏的弱枝，仔细检查有可能取胜的强枝。[41]

奇努克还有一些妙招，尤其是在面对人类对手时。当它对战完美的计算机对手，发现最终会带来平局的策略时，并不一定会忽略这些策略。如果平局位于一个又长又复杂的选择枝的末尾，那么人类有一定概率会在这一过程中犯错。与其他很多游戏程序不同，奇努克经常选择这些反人类的策略，而不是从博弈论的角度来看实际上更好的策略。

奇努克于1990年参加了第一次联赛，在美国跳棋锦标赛（US National Checker Championship）中拿到了亚军。这本来意味着它够格参加国际跳棋锦标赛了，但美国跳棋联盟（American Checkers Federation）和英国跳棋协会（English Draughts Association）不想让一台计算机参赛。幸好，廷斯利并不这么认为。在1990年的一系列非官方赛事后，他认为自己喜欢奇努克的激进棋风。当人类玩家试图向奇努克逼和时，它会选择冒险。廷斯利决定在联赛中与计算机对战，所以放弃了锦标赛头衔。官方很不情愿地认可了计算机赛，1992年，奇努克和廷斯利进行了"人机世界锦标赛"。39局比赛中，廷斯利赢了4局，奇努克赢了2局，其他33局为和局。

虽然挺住了与廷斯利的对战，谢弗和团队还想获得更大的成功。他们想让奇努克立于不败之地。奇努克在每一轮的选择取决于详细的预测，这让它优秀之余依然易受偶然事件影响。如果他们能把运气成分去除，就能得到一个完美的跳棋玩家。

说跳棋也有运气成分似乎很奇怪。因为只要走完同样的一套棋步，游戏最终的结果就总是相同的。用数学术语来说，这个游戏是"确定性的"：它不像扑克一样受随机性影响。但是当奇努克玩跳棋时，它无法只是通过行动控制结果，这也就意味着它可被击败。从理论上讲，它甚至可能输给一个非常弱的对手。

为了理解个中原因，我们必须看看埃米尔·博雷尔的另一项研究。除了博弈论的研究，博雷尔也对稀有事件非常感兴趣。为了描述只要我们等待够久，罕见事件必定发生的情况，他生造了一个"无限猴子定理"（infinite monkey theorem）。[42] 这一定理假定的内容很简单。假设一只猴子在一台打字机上随意敲击（但没有将打字机敲碎，因为普利茅斯大学团队在 2003 年用真猴子尝试时就发生了将打字机敲碎的情况），如此进行无限长的时间。如果猴子持续猛击键盘，最终它肯定会打出莎士比亚全集。该定理认为，这只猴子能在某个时间点以正确的顺序击中正确的字母，从而打出莎士比亚的 37 部剧本，而出现这种结果纯属偶然。

没有猴子可以活无限久，更不可能终生坐在打字机前。所以最好把猴子想象成是对随机字母生成器的一个比喻，随机字母生成器可以不断地生成任意的字符序列。因为字母是随机的，所以猴子打出的最初几个字有可能（虽然可能性很小）是 Who's there（谁在哪里），也就是《哈姆雷特》的开篇。猴子可能走了大运继续打出正确的字母，直到再现所有剧本。这极其不可思议，但有可能发生。猴子也有可能打出大量毫无意义的字母，然后终于时来运转打出了正确的一组字母。它甚至有可能在数十亿年中打出的内容都像是在胡言乱语，最后才终于按正确的顺序打出正确的字母。

分开来看，这些事件每一个都难以置信地罕见。但是因为猴子有如此多（事实上可谓无限多）的方式最终打出莎士比亚全集，它最终发生的概率还是很高的。事实上，打出莎士比亚全集的情况必然会发生。

现在假设我们把打字机换成跳棋棋盘，教这只虚构的猴子学习跳棋游戏的基本规则。这样它会下出一系列完全随机但不犯规的棋步。无限猴子定理告诉我们，因为奇努克依赖预测，猴子最终会蒙对能够获胜的棋步组合。奇努克总是可以在井字格游戏中逼和，但是跳棋的胜负取决于奇努克的对手怎么做，因此，游戏的一部分是不受奇努克控制的。也就是说，获胜需要运气。

奇努克于 1996 年最后一次参加竞争性比赛。但是谢弗及其同事并没有让他们的冠军软件完全退休，而是让奇努克寻找绝不会失败的跳棋策略，无论它的对手做什么。2007 年，结果终于发布，阿尔伯塔大学的研究者发表了一篇论文，宣称"跳棋已被破解"。[43]

跳棋这样的游戏有三个级别的破解方法。最详细的"强解法"描绘出完美玩家在任意时间点加入任意游戏的最终结果，包括那些在之前的棋局中已经犯了错的玩家。这意味着，无论起始位置如何，我们总是知道从该位置往后的最优策略。尽管这种解法需要大量的计算，人们还是为井字格游戏和四子棋这类相对简单的游戏找到了强解法。

下一类解法是最优结果已知，但我们只有从游戏之初开始玩才知道如何达成最优结果。这些"弱解法"在复杂游戏中尤为普遍，只有在两个玩家都全程下出了完美棋步时，才能看出破解过程。

最为基础的"超弱解"显示了当两个玩家都下出了完美棋步但不展示这些棋步时的最终结果。例如，虽然强解法在四子棋和井字格游戏中已被发现，但约翰·纳什于 1949 年指出，当这样的"N 连珠"游戏下得完美时，后手的玩家永远不会赢。[44] 即使我们无法找到最优策略也能证明这一论断的正确性，只需要看看如果不是这样，如果我们的错误假设导致逻辑死局会发生什么，就能反推出上述论断是正确的。数学家把这样的推理过程叫作"反证法"。

为了开始我们的证明，我们首先假设后手玩家有一套获胜棋步。先手玩家可以随机开局，等待后手玩家落子，然后从这里开始"偷走"后手玩家的获胜策略，从而让局势转而对自己有利。事实上，先手玩家成了后手玩家。这一"偷策略"的做法是可行的，因为棋盘上随机放置的多余棋子只会增加先手玩家的赢面。

通过采用后手玩家的获胜策略，先手玩家最终会获胜。但是，起初我们假设的是后手玩家有一个获胜策略。这意味着两个玩家都会获胜，而这显然是自相矛盾的。所以，唯一符合的逻辑结果就是后手玩家永远赢不了。

知道一个游戏有着超弱解很有趣，但并不能帮助玩家在实战中取胜。而强解法虽然能保证找到最优策略，但是当游戏有很多可能的棋步组合时，要想找到最优策略十分困难。因为跳棋比四子棋复杂百万倍，所以谢弗及其同事将精力放在了寻找弱解法上。

与马里昂·廷斯利对战时，奇努克通过两种方式之一做出决策。在游戏早期，它在可能的棋步中搜索，预测相应的结果。在最后阶段，如果棋盘上棋子所剩无几、可供分析的可能性不多时，奇努克就会依据自己完美策略的"终局数据库"做出决策。廷斯利对终局也有着透彻的理解，这也是他难以击败的部分原因。1990 年，在他与奇努克早期对战中的一场比赛中，这一点就表现得很明显。奇努克刚下完第 10 步，廷斯利说："你会后悔这步棋的。"26 步后，奇努克投子认输。[45]

对阿尔伯塔大学团队来说，挑战在于实现两种路径的折中。1992 年，奇努克只能预见 17 步，终局数据库中只有棋盘上少于 6 枚棋子的情况的信息。中间的过程都只能靠瞎猜。

多亏算力的提升，到了 2007 年，奇努克已经能预测得更多棋步，并且形成了足够大的终局数据库，从而从开局到结束都能找到完美策略。这结果发表在了《科学》杂志上，是一项了不起的成就。但是如果不是因为与廷斯利的对战，这个策略可能永远不会被发现。后来阿尔伯塔大学的研究团队称，奇努克项目"本可能因为缺乏人类竞争者而在 1990 年就夭折了"。[46]

虽然谢弗等人找到了这个完美策略，但面对不那么高超的对手时，谢弗并不建议使用它。奇努克在早期的人机对战中的表现显示，如果偏离最优策略而使对手犯错的概率增加，那么奇努克自己通常就会处于更有利的局势。这是因为大多数玩家无法像奇努克一样能够预测几十步。在类似国际象棋或扑克这样的游戏中，人类玩家犯错的可能性甚至更大，因此无人知晓完美策略。这就带来了一个重要问题：把博弈论运用到因过于复杂而无法完全掌握的游戏中会如何？

博弈论并不总是最好的选择

和曼彻斯特大学的物理学家托比亚斯·加拉（Tobias Galla）

一起，多因·法默开始质疑当游戏并不简单时博弈论是否还有效。[47] 博弈论依赖于这样一个假设，即所有玩家都是理性的。换句话说，他们知道自己能做的不同决策的效果，并且选择了对他们最有利的那个。在井字格游戏或者囚徒困境这样的简单游戏中，很容易弄明白可能的选项，这也意味着玩家的策略几乎总是能达到纳什均衡。但是如果游戏过于复杂，无法完全掌握呢？

国际象棋和各种扑克的复杂性意味着无论是人类玩家还是机器玩家，都还未找到最优策略。类似的问题也在金融市场中出现了。尽管从股价到债券收益率这样的关键信息处处可得，但是令市场上下波动的银行和券商间的相互作用由于太过复杂而无法为人们完全了解。

扑克机器人想通过在实战前"学习"一套战略来绕过复杂性问题。但在现实中，玩家经常是在游戏过程中学习策略。经济学家认为，人们倾向于用"经验加权吸引"（experience-weighed attraction）来学会策略，也就是更偏好那些过去成功过的行为。加拉和法默想知道，这一学习过程能否在游戏很复杂时帮助玩家发现纳什均衡。他们还想看看如果游戏没有落在一个最优结果上会发生什么。此时，我们应该做出什么样的反应呢？

加拉和法默研发了一个游戏，在游戏中，两台计算机玩家分别可以从 50 个棋步中进行选择。根据两个玩家选择的组合，它们都会得到一定的收益，而具体的收益是在游戏开始前就随机分配好的。这些预定收益的值决定了游戏的竞争程度。收益介于零和（一方的损失等于另一方的收获）和两个玩家收益相同之间。玩家的记忆程度也有所不同。在有些棋局中，玩家在学习过程中记录了每一个下过的棋步。其他时候，它们对过去的事件就没那么重视。

对于竞争和记忆的每个等级，研究者都会观察随着玩家棋艺的精进，他们的选择会发生哪些改变。当玩家记忆很差时，同样的决策会反复出现，玩家也经常做出"以牙还牙"的行为。但当玩家都有着良好的记忆而棋局又很激烈时，奇怪的事发生了。比起稳定在一个均衡上，决策毫无章法地波动。就像法默还是学生时试图追踪的轮盘赌球，玩家的选择完全无法预测。研究者发现，随着玩家的数量增加，这种无序的决策变得越发普遍。当游戏很复杂时，玩家的选择变得几乎无法预测。

其他的特征也出现了，包括之前在真实游戏中被发现的。数学家本华·曼德博（Benoit Mandelbrot）于20世纪60年代初观察金融市场时，注意到股市的动荡期往往会扎堆出现。他写道："大变化总是跟着大变化出现，小变化总是跟着小变化出现。"[48] "波动扎堆"（clustered volatility）的出现引起了经济学家的兴趣。加拉和法默在他们的跳棋和扑克游戏中也发现了这个现象，这意味着这一特征可能是很多人试图研究的金融市场复杂性导致的。

当然，加拉和法默对于我们如何学习、游戏如何构建是有几个前提假设的。但就算现实情况不一样，我们也不能无视这些结果。他们说："就算事实最终证明我们的假设是错的，解释我们为什么出错也能激发博弈论研究者更仔细地思考真实游戏的通用性质。"

虽然博弈论可以帮助我们发现最优策略，但当玩家容易犯错或需要学习时，它并不总是最好的选择。开发奇努克的团队深知这点，因此他们使用程序选择容易引发对手犯错的策略。克里斯·弗格森也意识到了这一点。除了使用博弈论，他还观察身体语言的变化，如果玩家变得紧张或过度自信，弗格森就调整他的投注金额。玩家不仅需要预测完美对手，还需要预测任何对手的行为。

第 7 章将介绍，现在研究者对人工学习和人工智能的研究变得越来越深入。对其中一些人来说，这些研究已经开展多年。2003 年，一个人类玩家高手与最领先的扑克机器人之一对战。尽管机器人使用了博弈论策略做决策，但它无法预测其对手多变的行为。后来，这位人类玩家告诉机器人的创造者："你们已经拥有了一个非常厉害的程序，如果给它加上对手模型，它会干掉所有人。"[49]

THE PERFECT BET

07
模型对手，
在信息不完备时做决策

ALTHOUGH THE GAME HAS RULES AND LIMITS, THERE ARE ALWAYS UNKNOWN FACTORS. THE SAME PROBLEM CROPS UP IN MANY ASPECTS OF LIFE. NEGOTIATIONS, AUCTIONS, BARGAINING; THEY ARE ALL INCOMPLETE INFORMATION GAMES.

虽然游戏有着规则和限制，但是总有未知因素。同样的问题在生活的很多方面都出现了。谈判、拍卖、讨价还价，都是不完备信息游戏。

THE
PERFECT
BET

在游戏节目《危险边缘》（*Jeopardy!*）中，肯·詹宁斯（Ken Jennings）和布拉德·拉特（Brad Rutter）是最棒的选手。2011 年，拉特赢得了最多的奖金，而詹宁斯创造了 74 连胜的纪录。凭借解析这一著名节目的通识提示的能力，两人总共获得了超过 500 万美元的奖金。[1]

那年的情人节，詹宁斯和拉特回来录制一档特辑。他们将面对一个之前从未登台过的名叫沃森（Watson）的新对手。在三期节目中，詹宁斯、拉特和沃森回答了关于文学、历史、音乐和体育的提问。没过多久，这位新来者就开始领先。虽然沃森在"说出年代"（Name the Decade）环节有些吃力，但在披头士和奥运会历史部分占据了领先地位。尽管詹宁斯在最后关头猛追，但这位前冠军还是没能赶上。节目最后，沃森累计获得了超过 77 000 美元，比詹宁斯和拉特加起来获得的奖金还多。这是拉特首次落败。

沃森没有欢庆胜利，但它的发明者欢庆了。这款机器是其创造者 7 年工作的结晶，以 IBM 创始人托马斯·沃森（Thomas Watson）的名字命名。创造沃森的想法诞生于 2004 年一次公司晚宴。席间，餐厅突然陷入诡异的安静。IBM 的研发经理查尔斯·利克尔（Charles Lickel）意识到大家之所以停止交谈，是因为被房间里电视屏幕上发生的事所吸引。所有人都在看肯·詹宁斯在《危险边缘》上的现象级连胜。利克尔看向屏幕时，突然意识到这一问答游戏可以成为 IBM 专业能力的极佳测试。IBM 公司有着挑战人类游戏的历史——他们的深蓝（Deep Blue）计算机曾经于 1997 年击败国际象棋大师加里·卡斯帕罗夫（Garry Kasparov），但它还没有挑战过像《危险边缘》这样的游戏。

玩家要想在《危险边缘》中取胜，必须具备知识、理解力和玩文字游戏的天赋。这一节目本质上是个反向的答题秀。选手们获得关于答案的提示，然后得告诉主持人问题是什么。所以，如果提示是"5 280"，那么问题可能是"一英里等于多少英尺？"

沃森的最终版本会使用数十种不同的技术来解析提示并寻找正确回答。它能查阅维基百科上的全部内容，而且它那价值 300 万美元的计算机处理器可以帮助它快速处理信息。

分析人类语言和利用数据在其他不那么引人注目的环境下也很有用。在沃森取得胜利之后，IBM 升级了它的软件，让它能够查阅医学资料库，从而辅助医生做出决策。银行也计划用它来回复客户咨询，大学则希望用沃森来指引学生查询。通过研究烹饪书籍，沃森甚至能帮助大厨们发现新的风味组合。2015 年，IBM 把一些成果收集到一本"认知计算烹饪指南"中，其中包括巧克力馅、肉桂馅和毛豆馅墨西哥煎饼这样的菜谱。[2]

尽管沃森在《危险边缘》中的表现很亮眼，但这个节目并非智能机器的终极测验。对人工智能来说，还有一个巨大的挑战。早在沃森甚至早在深蓝面世之前，这个挑战就已存在。当深蓝的前身"深思"（Deep Thought）于 20 世纪 90 年代早期在国际象棋比赛中的排名不断攀升时，一个名叫达斯·比尔斯（Darse Billings）的年轻学者来到了阿尔伯塔大学。他加入了计算机科学系，该系的乔纳森·谢弗及其团队刚刚开发了大获成功的奇努克跳棋程序。也许国际象棋会是下一个理想的挑战目标？比林斯并不这么想。他说："国际象棋很简单，我们试试扑克吧。"[3]

扑克是现实的完美缩影

每年夏天，全世界的顶级扑克机器人都会汇聚一堂举行联赛。近年来，三个参赛团队处于领先地位。第一个团队是阿尔伯塔大学队，现在该团队有十多名研究者在研发扑克程序。第二个团队是位于匹兹堡的卡内基梅隆大学队，就在迈克尔·肯特研究体育预测时的工作地点所在的那条路上。计算机科学系教授图马斯·桑德霍尔姆（Tuomas Sandholm）率领这个团队开发冠军机器人 Tartanian。第三个团队是由埃里克·杰克逊（Eric Jackson）这位独立研究者一个人组成的团队。他创造了一个名为 Slumbot 的程序。[4]

联赛包含了几种不同的比赛，每个参赛团队可以根据每场比赛调整他们的程序的风格。有些比赛是淘汰赛。在每一轮中，两个机器人正面交锋，最后筹码最小的那个机器人被淘汰。为了赢得这些比赛，机器人需要很强的"求生"本能。它们只要能够顺利进入下一轮即可，贪婪反而不是好事。但是在其他比赛中，赢得最多钱的那个机器人才是最终的获胜者。机器人玩家因此需要尽可能多地压榨对手。机器人需要不断进攻，想方设法达到目标。

这场联赛中的大多数机器人研发过程历经数年，经过了即使不足亿万次也不下百万次的比赛训练。但是对比赛训练的赢家来说，赢了也得不到什么大奖。这些程序的创造者也许可以借此吹吹牛，但他们没法带走拉斯维加斯赌场中的巨额奖金。所以，这些程序有什么用呢？

机器人玩扑克牌时，其实是在解决一个我们所有人都非常熟悉的问题：如何处理缺失信息。在国际象棋这样的游戏中，获得信息不是问题。玩家可以看到一切。他们知道棋子在哪，对手下了哪些棋步。输赢也与运气有关，不是因为玩家无法观察事件，而是因为他们无法处理可得信息。这就是为什么一个顶级大师也可能输给一只随意下棋的猴子。当然，这种情况发生的概率极小。

只要有一个好的游戏算法，加上大量的算力，就有可能解决信息处理的问题。这就是谢弗及其同事找到跳棋的完美策略的方法，也是计算机有朝一日能够在国际象棋比赛中击败对手的方法。这样的机器可以用蛮力方式击败对手，快速处理每一种可能的棋步组合。但是扑克的情况有所不同。无论玩家多么厉害，每个人都要面对一个事实：对手的牌是不可知的。虽然游戏有着规则和限制，但是总有未知因素。同样的问题在生活的很多方面都出现了。谈判、拍卖、讨价还价，都是不完备信息游戏。谢弗说："扑克是我们在现实生活中面对的很多情况的完美缩影。"[5]

图灵测试与扑克机器人

"二战"期间，斯坦尼斯瓦夫·乌拉姆、尼古拉斯·梅特罗波利斯、约翰·冯·诺伊曼等人在洛斯阿拉莫斯工作时，经常玩扑克到深夜。玩扑克的过程中，局面并不激烈，赌注很小，对话也很轻松。乌拉姆说它是"从洛斯阿拉莫斯那些非常严肃而重要的事务中得以抽身的蠢游戏"。[6]在一次牌局中，梅特罗波利斯从冯·诺伊曼那儿赢了10美元。梅特罗波利斯很开心，因为自己赢了写出博弈论著作的人。他用一半的钱买了一本冯·诺伊曼的《博弈论与经济行为》，把剩下的 5 美元夹在封面后面来纪念这次胜利。

　　早在冯·诺伊曼的这本博弈论著作出版之前，他对扑克的研究就已经广为人知了。1937 年，冯·诺伊曼在普林斯顿大学的一场讲座上介绍了自己的研究。听众中有一位年轻的英国数学家，他叫艾伦·图灵（Alan Turing）。[7] 图灵当时是剑桥大学的一名研究生，来美国访学研究数学逻辑。当时，库尔特·哥德尔已经离开了普林斯顿，这令图灵感到失望。尽管如此，虽然有些美国习俗令他不解，但他还是很喜欢在普林斯顿的日子。他在写给母亲的一封信中说：

　　　　每次你对他们表达感谢时，他们都会说 You're welcome（不用谢，字面意思是'欢迎你'），我一开始还挺喜欢的，想着我受到了欢迎，但我现在觉得它像是从墙上弹回来的皮球，于是我有些害怕听到这句话了。[8]

　　在普林斯顿大学待了一年后，图灵回到了英格兰。虽然他主要待在剑桥，但他也在位于布莱奇利公园（Bletchley Park）附近的英国政府密码学校做兼职工作。当"二战"于 1939 年秋天爆发时，图灵身处英国破译敌军密码的最前线。那段时期，德军使用名为 Enigma（谜）的机器加密了无线电信息。这些长得像打字机似的装置有一系列转子可以把击键转化为加密文本。对布莱奇利公园的密码破译员来说，加密方法的复杂性是主要障碍。即使图灵及其同事有一些关于信息的线索，比如某些可能出现在文本中的"对照码"（crib words）——未加密的字符串，仍有成千上万种可能的转子设置需要搜索。为了解决这个难题，图灵设计了一个像是计算机的机器 bombe（炸弹）来执行这项繁重的工作。一旦密码破译员发现一个对照码，bombe 就能确定产生这个码的 Enigma 的设置，并且破译剩下的信息。

破解 Enigma 的密码可能是图灵最著名的成就，但就像冯·诺伊曼一样，图灵也对游戏感兴趣。冯·诺伊曼针对扑克的研究无疑吸引了图灵的注意。当图灵在 1954 年去世时，他留给朋友罗宾·甘迪（Robin Gandy）一批论文。其中有一份完成了一半的手稿，标题为《扑克游戏》（The Game of Poker）。在这份手稿中，图灵试图在冯·诺伊曼对该游戏的简单分析的基础上进一步进行研究。[9]

图灵并不只是思考游戏的数学理论。他也想知道游戏如何能被用于研究人工智能。[10] 根据图灵的说法，问"机器能思考吗"毫无意义。他说这个问题太过模棱两可，回答的范围也太过模糊。我们更应该问机器是否能够做出与（有思想的）人类相同的行为。计算机能够骗过一个人，让他以为自己是人类吗？

为了测试人工生命是否能够以真人身份通过，图灵设计了一个游戏。这必须是一场公平的竞赛，一项人类和机器都可以成功进行的活动。图灵说："我们不会因机器无法在选美比赛中大放异彩而惩罚它，也不会因一个人在与飞机竞速中失败而惩罚他。"

图灵提出了下述场景：一位人类面试官与两位不可见的被试对话，这两位被试一位是人类一位是机器。面试官要尝试猜出谁是人类，谁是机器。图灵把这叫作"模仿游戏"。为了避免被试的声音或笔迹造成影响，图灵建议所有信息都用打字机打出。人类会努力通过诚实回答来帮助面试官，但机器会尽力蒙骗提问者。这样一个游戏需要各种不同技能。玩家需要处理信息并给出合适的反应，需要了解面试官并记住说过什么。他们可能会被要求进行计算、回忆事实或完成拼图。

初看起来，沃森是合适的选择。在参加《危险边缘》时，这台机器必须破译提示、汇集知识并且解决问题。但有一个关键区别。沃森不需要像人类一样"玩"《危险边缘》，它只需像一台超级计算机那样，凭借它更快的反应时间和庞大的数据库来击败对手。它没有表现出紧张或沮丧，也不需要这样。沃森参加《危险边缘》节目并不是为了说服人们它是人类，而是为了赢。

深蓝的情况也是如此。当它与加里·卡斯帕罗夫对弈国际象棋时，它就按机器的方式下棋。[11] 它使用大量的计算机算力来搜索未来情况、研究潜在棋步、评估可能的策略。卡斯帕罗夫指出，这种蛮力方法并没有体现多少智力的本质。他后来说："他们弄来了一台像机器一样下棋的计算机，而不是一台拥有人类的创造力和直觉，像人类一样思考和下棋的计算机。"卡斯帕罗夫认为扑克的情况可能会不一样。因为扑克游戏中混合了概率、心理学和风险等因素，这个游戏应该不会受蛮力方法的太多影响。也许它甚至能成为国际象棋和跳棋永远无法成为的那种游戏：一种需要被学会而不是被解决的游戏。

图灵把学习视为人工智能的核心部分。为了赢得模仿游戏，一台机器需要足够智能才能被当作成年人类，从而通过测试。但是光是聚焦在精心打磨的最终创造物上没有意义。要想创造一种工作思维（working mind），需要理解思维从何而来，这是很重要的。图灵说："与其编写一个模拟成人思维的程序，何不试着制造一个模拟孩童思维的程序呢？"他把这一过程比作写完一整本笔记本。比起尝试手工写下一切，更简单的方法是拿个空笔记本，让计算机来弄清应该如何写完一整本。

2011 年，一个新型游戏出现在拉斯维加斯赌场的各种老虎机和轮盘赌赌桌上。它是一个虚拟版本的德州扑克：筹码变为二维的，发牌在屏幕上进行。在游戏过程中，玩家以双人游戏的形式对战单个计算机对手，也就是通常所说的"单挑扑克"（heads-up poker）。

自从冯·诺伊曼研究了简单的双人游戏之后，单挑扑克成为研究者最热爱的研究目标之一。这主要是因为研究涉及两个玩家的游戏比起涉及很多对手的要容易得多。在只有两个玩家时，游戏的"规模"要小得多，这个"规模"通过计算一个玩家可能的行为序列来衡量。

2013 年，记者迈克尔·卡普兰（Michael Kaplan）在《纽约时报》上发表了一篇文章，记录了这个机器的诞生。[12] 原来扑克机器人的诞生在很大程度要归功于挪威计算机科学家弗雷德里克·达尔（Fredrik Dahl）开发的一个软件。在挪威奥斯陆大学研究计算机科学时，达尔对西洋双陆棋（backgammon）产生了兴趣。为了磨炼技艺，他创造了一个可以搜索成功策略的计算机程序。因为这个程序玩得太好了，于是他把它装进软盘，以每份 250 美元的价格出售。

创造了一个熟练的西洋双陆棋机器人后，达尔把注意力放在了更雄心勃勃的计划上：创造一个虚拟扑克玩家。因为扑克涉及不完备信息，对计算机来说，找到成功战术会困难得多。为了获胜，机器需要学习如何处理不确定性。它需要读懂对手的行为并权衡大量的选项。换句话说，它需要一个大脑。[13]

在扑克这样的游戏中，一个行动需要好几个决策步骤。因此一个人工大脑需要多个连接的神经元。第一个神经元可以评估对手出的牌，第二个神经元可以考虑牌桌上的钱数，第三个神经元可以研究其他玩家的投注。这些神经元未必直接参与最终决策。结果可能流入第二层神经元，它们把第一轮的决策用更细致的方式组合起来。内部神经元被称为"隐藏层"，因为它们位于进出神经网络的两个可见的信息组中间。这个简单的神经网络见图7-1。

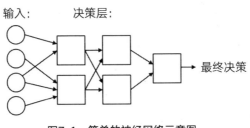

图7-1　简单的神经网络示意图

神经网络并非一个新概念，人工神经元的基础理论在20世纪40年代就已成形。[14] 不过，随着可获得的数据越来越多，以及计算机的算力不断提高，这些神经网络现在可以做出一些令人赞叹的壮举了。就像让机器人能够学习玩游戏一样，它们也帮助计算机以惊人的准确性识别样式。

2013年秋天，Facebook宣布成立一个专门开发智能算法的人工智能团队。[15] 那时，Facebook的用户每天上传超过3.5亿张新照片。[16] Facebook之前引进了一系列新功能来应对这一信息雪崩。其中一个是人脸识别：公司希望赋予用户在照片中自动检测和识别人脸的选项。2014年春天，Facebook的人工智能团队发布了公司的人脸识别软件——深脸（DeepFace）的重大进展。

深脸背后的人工大脑包含了 9 层神经元。初始层完成基础工作，识别照片中人脸的位置并将此图像置于中心。后面的几层选出可用于确定身份的特征，比如眼睛和眉毛之间的区域。最后一层神经元把从眼睛的形状到嘴的位置等所有单独测量指标集合起来，然后用它们来为对应的人脸贴标签。Facebook 团队用 4 000 个不同人的多张照片来训练神经网络。这是有史以来最大的人脸数据集；平均每张脸有超过 1 000 张照片。

训练结束后，到了程序的测试阶段。为了看看深脸在面对新的人脸时表现如何，团队让它从"人面数据库"（Labeled Faces in the Wild）中识别照片，其中包含了成千上万张各种日常场景下的人脸。这些照片是人脸识别能力的绝佳测试数据：照片中的光照并不总是相同，镜头焦距各不相同，人脸的角度也未必相同。即便如此，人类还是非常擅长识别两张脸是否属于同一个人：在一次在线实验中，参与者在 99% 的时间内正确匹配了人脸。

但是深脸并没落后多少。它已经经过了很长时间的训练，它的人工神经元已经经历了无数次重新接线，所以可以以超过 97% 的准确率识别两张照片中的人是否为同一个人。即使是分析 YouTube 视频的定格画面——常常又小又糊，深脸的准确率也能超过 90%。

达尔的扑克程序也花了很长时间来积累经验。为了训练该软件，达尔设置了很多机器人，让它们一轮又一轮在比赛中对战。这些扑克程序历经亿万次的发牌、投注和诈唬，它们的人工大脑一边玩一边发展。随着机器人的进步，达尔发现它们开始做出一些惊人之举。

图灵在他于1952年发表的里程碑式论文《计算机器与智能》（*Computing Machines and Intelligence*）中指出，很多人对人工智能的可能性表示怀疑。其中一项评论是数学家埃达·洛夫莱斯（Ada Lovelace）于19世纪提出的，她认为机器不可能创造任何原创之物。它们只能做人类要求的事。这就意味着机器不具备令我们感到惊奇的创造力。

图灵并不认同洛夫莱斯的看法，他说："机器频频让我感到惊奇。"图灵通常把这些惊奇归咎于疏忽。编写程序时，他可能匆忙地做了计算或粗心地做出了假设。从原始计算机到高频金融算法，这种疏忽都普遍存在。就像我们看到的，错误的算法经常会带来无法预料的负面后果。

但是，有时错误也可以成为计算机的优势。早在深蓝与卡斯帕罗夫的国际象棋比赛中，深蓝走出的一步棋就令人十分困惑、出人意料又如此……智慧，让卡斯帕罗夫也迷惑不解。深蓝没有去吃一个毫无防备的兵，而是将自己的车摆在了防守位置。[17]卡斯帕罗夫完全不知道它为何这么做。大家一致认为，这一步影响了后面的比赛，让这位俄罗斯大师相信他面对的是一位远超过去任何棋手的对手。

事实上，深蓝选择这一特定的棋步没有什么理由。就像哥德尔的不完备性定理预测的那样，计算机最终进入了一种没有出现在规则中的情况，所以开始做出随机行为。深蓝改变战局的策略表现并不是什么精巧的棋步，它只是运气好而已。[18]

图灵承认这样的惊奇仍然是人类行为导致的，因为结果来自人类定义（或未能定义）的规则。但是达尔的机器人并不是因为人类疏忽才产生惊奇的行动的。这种行为源自程序的学习过程。在训练赛中，达尔注意到其中一个机器人在使用一个叫作"缠打"（floating）的战术。在三张翻牌被翻开后，一个缠打玩家会跟注，但不加注。缠打玩家悠闲地打完这一轮，不影响赌金。第四轮转牌一被翻开，缠打玩家就行动起来，猛烈加注，希望吓退对手，令其弃牌。达尔从没遇见过这种套路，但是大多数优秀的牌手都很熟悉这一策略。要想成功实施这一策略，玩家也需要很多技巧。玩家不仅需要对翻开的牌进行评估，还需要正确解读对手的行为。有些人比其他人更容易被吓退，而缠打玩家最不想见到的就是猛烈加注后进入最后的摊牌阶段。[19]

初看起来，这样的技巧是人类固有的。一个机器人怎么能教会自己这一策略呢？答案是这是必然的，因为有时一个玩法比我们想象的更依赖于冰冷的逻辑。它就像冯·诺伊曼发现的诈唬规律一样。这一策略不是人类心理的怪癖；它是遵循最优扑克策略时必然出现的战术。

卡普兰在《纽约时报》上发表的文章中提到，人们经常用人类术语来描述达尔的机器。他们给它取昵称。他们用"他"来称呼它。他们甚至承认和这个金属盒子聊天时，感觉是在和真人玩家聊天一样，仿佛有个人坐在玻璃后面。玩德州扑克时，机器人成功地让人们忘记了它是个计算机程序。如果图灵测试是通过扑克游戏而不是一系列问题展示的，那么达尔的机器肯定会通过测试。

图灵测试　由艾伦·图灵提出，指测试者（一个人）与被测试者（一台机器）在隔开的情况下，测试者通过一些装置（如键盘）向被测试者随意提问，是一种测试机器是否具备人类智能的方法。

也许，人们通常倾向于把扑克机器人当作独立角色来对待，而不是把它们当作编程者的资产。毕竟，最好的计算机玩家一般比它们的创造者要厉害很多。因为计算机完成了全部学习，扑克机器人不需要输入很多初始信息。因此，它的人类创造者可以对游戏策略相对无知，但仍然会得到一个强大的机器人。就像乔纳森·谢弗说的：“你可以在所知甚少的情况下做出惊人的事情。”事实上，虽然阿尔伯塔扑克团队拥有世界上最优秀的扑克机器人之一，但该团队的成员并不是玩扑克的高手。研究者迈克尔·约翰逊说：“我们团队的大部分人都算不上扑克玩家。”[20]

虽然达尔创造了一个能通过学习击败大多数赌资有限的扑克玩家的机器人，但这里还有一个难题。拉斯维加斯的游戏规则规定，游戏机器需要在面对所有玩家时行为一致。它们不能根据对手的水平高低而定制自己的玩牌风格。这条规则意味着达尔的机器人在被允许进入赌场前，必须放弃一些巧妙的策略。对机器人来说，必须遵循一个固定策略会让事情更难办。一个刻板的成人大脑而不是一个灵活的孩童大脑让机器没法学习如何利用弱点。这消除了一个巨大的优势，因为人类有着大量的弱点可以利用。

剪刀石头布

2010 年，一个剪刀石头布的线上版本出现在《纽约时报》的网站上。[21] 如果你想试试的话，现在还能在该网站上找到。你能与一个非常强大的计算机程序对战。几轮比赛后，大多数人就会发现计算机很难击败，而计算机通常会处于领先地位。

博弈论认为，如果你遵循剪刀石头布游戏的最优策略，并在三种可能选项中随机选择，那么最终应该是平局。但是玩剪刀石头布游戏时，人类似乎并不太擅长做那些最优的事。2014 年，中国浙江大学的王志坚及其同事发现，人们在玩剪刀石头布时倾向于遵循特定的行为模式。[22] 研究者招募了 360 个学生，把他们分为多个团队，让每个团队互相玩 300 轮剪刀石头布。在游戏中，研究者发现很多学生都采用他们称之为"赢则保持输则换"（win stay lose shift）的策略。刚赢了一轮的玩家经常会在下一轮选择出同样的手势，而输的玩家往往会选择出刚刚击败他们的那个手势。比如，他们会把石头换成布，或者把剪刀换成石头。很多轮下来，玩家通常选择三个不同选项的概率差不多，但是很显然他们的选择不是随机的。

讽刺之处在于，即使真正随机的序列也会包含似乎并不随机的模式。还记得蒙特卡洛的那些捏造轮盘赌结果数据的懒惰记者吗？为了创造看上去随机的结果，他们需要克服很多障碍。首先，他们需要确保黑和红在结果中出现的频率差不多。关于这一点，记者确实弄对了，这意味着数据通过了卡尔·皮尔逊的"它是随机的吗"测试的第一关。但是，到了连续颜色时记者们就出现纰漏了，因为他们给出的红和黑交替出现的次数比真正随机的序列要更频繁。

即使你知道随机情况看上去是什么样的，并且尝试在颜色之间或剪刀、石头、布之间正确交替，你产生随机模式的能力也会受你记忆的限制。如果让你看一串数字表并立即背出来，你能记住多少？6 个？10 个？20 个？

20 世纪 50 年代，认知心理学家乔治·米勒（George Miller）指出，大多数年轻人一次可以学习和背出 7 位数字。[23] 尝试记住一个当地的电话号码可能对你来说没问题；尝试记住两个就有点棘手了。如果你想在一个游戏中生成随机棋步，可能就会出问题。如果你只能记住最后几步，你如何确保你使用所有选项的频率是均等的？ 1972 年，荷兰心理学家威廉·瓦格纳（Willem Wagenaar）观察到人们的大脑倾向于集中在 6 ～ 7 个之前的反应的一个移动"窗口"上。[24] 在这一时间间隔里，人们可以在不同选项之间完全"随机"地切换。但是，在更长时间的间隔里，他们就没那么擅长在选项间切换了。这 6 ～ 7 个事件的窗口大小很可能是米勒之前观察的结果。

在米勒发表自己的研究成果后，研究者更深入地探索了人类的记忆能力。大家发现米勒开玩笑称之为"神奇数字 7"的值其实并不神奇。[25] 米勒自己指出过，当人们要记忆二进制数字（0 和 1）时，他们可以记住大概 8 位数字序列。事实上，人类能记住的数据"块"的大小取决于信息的复杂度。人们可能能够回忆起 7 个数字，但也有证据表明他们只能记住大约 6 个字母或者 5 个单音节词。

在一些案例中，人们学会了增加能够回忆的信息量。在记忆大赛中，最佳选手可以在一小时内记住超过 1 000 张纸牌。[26] 他们通过改变记忆的数据块的格式来做到这一点；他们试图记住作为旅途一部分的图像，而不是想着原始数字。纸牌变成了名人或物件，序列变成了对应的纸牌角色出演的一系列事件。这帮助选手们的大脑更有效地存储和提取信息。就像第6章讨论的那样，在玩21点时，记牌也有帮助，算牌者将信息"分桶"来减少他们需要记忆的信息量。[27] 这样的存储问题也引起了研究人工思维以及人类思维的研究者的兴趣。尼克·梅特罗波利斯说斯坦尼斯瓦夫·乌拉姆"经常思考记忆的本质以及它如何在大脑中发挥作用"。[28]

玩剪刀石头布时，机器比人类更擅长做出最优博弈论策略所需要的令人无法预测的举动。当然，这样的策略是天然防御性的策略，因为它意在限制面对完美对手时的潜在损失。但是《纽约时报》网站上的剪刀石头布中机器人对战的并非完美对手。它对战的是容易犯错的人类，他们的记忆能力有限并且无法生成随机数。因此，机器人从随机策略偏离并开始搜寻人类的弱点。

计算机相较人类对手有两个优势。首先，它能精确地记住人类之前几轮的举动。例如，它能回忆这个人之前出招的顺序，以及他喜欢什么样的模式。这时就是第二个优势起作用的时候了。其次，计算机不只是使用目前的对手身上的信息。它可以使用从20万轮与人类在剪刀石头布对战中获得的知识。数据库由肖恩·拜仁（Shawn Bayern）创建，他是一位法学教授及前计算机科学家，他的网站运营着一个大型的在线剪刀石头布大赛。[29] 比赛仍在进行，迄今已超过50万轮，其中计算机赢了绝大部分比赛。这些数据意味着机器人可以将目前的对手与它对战过的人进行比较。面对一个特定的棋步序列，它可以猜出人类下一步想要做什么。计算机并不是只对随机性感兴趣，它在描绘对手的画像。

这样的方法在扑克这类玩家多于两名的游戏中格外重要。别忘了在博弈论中，最优策略是纳什均衡：没有任何玩家可通过选择不同策略而获益。阿尔伯塔大学扑克团队的一位研究者尼尔·伯奇（Neil Burch）指出，如果你有一个对手时，寻找这样的策略是合理的。如果游戏是零和的，即你的损失为对手的收益，反之亦然，那么纳什均衡策略会在一定程度上降低你的损失。另外，如果你的对手违背了纳什均衡策略，那么他将会吃亏。伯奇说："在双人的零和博弈中，我们有充足的理由相信纳什均衡是正确的玩法。"但是，当有更多玩家参与游戏时，它未必是最好的选择。"在一个三人游戏中，它可能就不起作用了。"

纳什均衡认为，如果玩家单方面改变自己的策略就会吃亏。但是它并未提及如果两个玩家一起改变战术结果会怎样。例如，两个玩家可以结盟来对付第三个人。当冯·诺伊曼和摩根斯坦写作他们的博弈论著作时，他们指出这样的联盟只有在至少有三个玩家的情况下才有效。他们说："在双人游戏中，由于玩家人数不够，所以无法形成这样的联盟。一个联盟至少由两名玩家组成，这样一来就没有人作为对手了。"[30] 图灵也肯定了在扑克游戏中有可能出现联盟。他说："只是因为礼仪和公平竞争意识等，联盟才没有出现在真实比赛中。"

在扑克游戏中，形成联盟主要有两种。最粗暴的串通方式就是两个或更多玩家向彼此展示自己的牌。当其中一人拿到一张大牌时，他们都会逐步加大赌注，来从他们的对手那里赢到更多钱。当然，这种方式在线上玩牌时更容易应用。阿尔伯塔大学的帕里萨·马兹鲁伊（Parisa Mazrooei）及其同事认为，这种合谋应该被视为"作弊"，因为玩家使用的策略不符合游戏规则，因为游戏规则禁止玩家透露手里的牌。[31]

还有一种串通方式是合谋者的纸牌只有自己知道，但是向其他玩家传递自己手里有大牌的信号。从技术上说，他们这样做并没有违反规则，但可能有损于公平竞争。合谋玩家们经常遵从特定的投注模式来提升机会。例如，如果一个玩家下重注，其他人都会跟注以把对手逼出局。人类玩家必须记住这些信号，但是对机器人来说就简单多了，它们可以调用与其他合谋者完全一致的事先编写好的规则。

不讲道德的玩家在线上扑克室使用上述两种方法的事，已经被报道出来了。[32]但是，合谋是很难被识破的。如果一个玩家跟投另一人的投注，逐步增加赌注金额，这个玩家有可能是用操纵比赛来帮助队友。但他也可能只是个幼稚的菜鸟，试图通过诈唬来取胜。达尔曾指出："在任何形式的扑克中都存在着各种让使用者互相受益的策略组合，如果他们有意采用这种策略，我们可以说他们在通过合作来作弊，但如果这只是凑巧发生的，那我们就不会这么说了。"[33]

　　这就是在扑克中运用博弈论的问题：联盟并不总是有意为之。它们可能只是玩家选择的策略的结果。在很多情况下，存在不止一个纳什均衡。例如，开车就有两个均衡策略：如果每个人都沿左边驾驶，你单方面决定沿右侧驾驶就会吃亏；如果沿右侧驾驶成为潮流，那沿左侧就不再是最佳选择。

　　根据你的驾驶座的位置，纳什均衡中的一个会比另一个更可取。例如，如果你的车是左舵行驶型，你可能会更希望所有人都沿右侧驾驶。显然，驾驶座位于汽车的"错误"一边所带来的不便不足以让你改变沿某一侧驾驶的习惯。但是这种情况还是有点像所有人通过结盟来针对你，并且你对此感到格外恼火。但由于你沿道路另一侧驾驶的话显然会吃亏，所以你不得不忍受现在这种局面。

　　同样的问题也在扑克游戏中出现了。除了导致不便，它还能让玩家亏钱。三名扑克玩家可以选择纳什均衡策略，当这些策略凑到一块时，可能会导致其中两名玩家选择的战术正好是针对第三名玩家的。这就是为什么从博弈论的视角看，三人扑克很难处理。不仅游戏本身变得更为复杂，有更多潜在的出牌要分析，也不清楚寻找纳什均衡是否总是最佳路径。迈克尔·约翰逊说："即使你能算出一个，它也未必有用。"

还有其他的不利条件。博弈论可以告诉你面对完美对手如何最小化损失。但是如果你的对手有漏洞，或者如果游戏中有多于两个玩家，你可能会想要违背"最优的"纳什均衡策略，转而利用对方的弱点。一个方法是先以纳什均衡策略开局，然后随着了解对手而逐步调整你的战术。[34] 不过这样的做法可能有风险。卡内基梅隆大学的图马斯·桑德霍尔姆指出，玩家必须在"利用"和"被利用"间找到平衡。理想的情况是你利用菜鸟，从菜鸟那里赢到尽可能多的钱，而不是被利用，在高手面前栽跟头。防御性策略，比如纳什均衡或者达尔的扑克机器人使用的战术，都不太可能被利用。高手很难击败它们。但是，采用防御性策略的代价就是无法"榨干"菜鸟；水平糟糕的玩家可以损失较少地离场。因此，根据对手不同采用不同策略是合理的。就像一句古话所说："玩牌不如玩人。"

可惜，学习利用对手反过来也会让玩家变得易被利用。桑德霍尔姆把这种情况叫作"学会后被利用问题"（get taught and exploited problem）。例如，假设你的对手开始表现得很激进。当你注意到这一点，你可能会调整战术尝试利用他的激进。但是，这时你的对手可能突然变得保守，并利用了你（错误地）认为你在面对一名激进玩家的事实。

研究者可以通过测量他们的机器人的可利用性来评判这些问题的影响，也就是如果机器人对对手做出了完全错误的假设，他们预

期会损失的最大金额。桑德霍尔姆一直在和博士生萨姆·甘兹弗
里德（Sam Ganzfried）一起研发"混合"机器人，把防御性的纳
什均衡战术和对手建模结合起来。[35] 他们说："我们想只利用菜鸟，
而面对高手时则采用均衡战术。"

　　很明显扑克程序变得越来越好了。每年参加年度世界计算机扑
克大赛（Annual Computer Poker Competition）的机器人都变得越
来越聪明，而拉斯维加斯也满是能击败大多数赌场游客的扑克机
器人。但是计算机真的超越人类了吗？最好的机器人比所有人类
都强吗？

　　根据桑德霍尔姆的说法，很难说这一转折已经发生。原因有几
个。首先，你必须确定最强的人类玩家是谁。可惜，人们很难给出
玩家的准确排名：人们无法确定扑克界的加里·卡斯帕罗夫或马里
昂·廷斯利是谁。桑德霍尔姆说："我们并不知道最强人类玩家是
谁。"机器人与人类的对战也很难安排。尽管每年有一个计算机大
赛，但是桑德霍尔姆指出人机对战的比赛少见得多。"很难让专业
选手来参加这些人机比赛。"

　　2007 年，专业玩家菲尔·拉克（Phil Laak）和阿里·伊斯拉
米（Ali Eslami）在一系列双人扑克比赛中挑战了阿尔伯塔大学团
队创造的机器人"北极星"（Polaris）。[36] 北极星很难击败。相比
于试图利用对手，它采用的策略接近纳什均衡。

那时，有些扑克社群不太理解为什么选择拉克和伊斯拉米做"北极星"的对手。拉克以扑克牌桌前的"多动症"而著称，他在玩牌时跳来跳去，满地打滚，做俯卧撑。而伊斯拉米寂寂无闻，很少出现在电视上播放的比赛中。但是拉克和伊斯拉米有着研究者需要的技能。他们不仅是好牌手，而且能够说出比赛中自己在想什么，他们还不排斥人机比赛中的特殊设置。

比赛场地是加拿大温哥华的一个人工智能会议，游戏则是有限注德州扑克：跟达尔的机器人后来在拉斯维加斯玩的一样。尽管拉克和伊斯拉米会分别在不同的比赛中对战北极星，但他们的得分会在每场比赛后累加。这将是人类与机器的对战，拉克和伊斯拉米作为一队来对战北极星。为了最小化运气的影响，发牌是镜像的：在一场比赛中发给北极星的每张牌，都将在另一场比赛中发给人类玩家，反之亦然。组织方也规定了一个明确的获胜条件：一方比对手至少多250美元的筹码即可获胜。

第一天有两场比赛，每场包含500手。第一场以平局告终（北极星领先70美元，没达到胜出的条件）。在第二场中，拉克很幸运地拿到了大牌，但这也意味着在对战伊斯拉米的比赛中计算机拿到了同样的大牌。北极星比拉克更充分地利用了优势，这一天下来机器人取得了胜利。

那天晚上，拉克和伊斯拉米见面探讨他们刚玩过的1 000手扑克。阿尔伯塔大学团队给了他们这一天玩牌的日志，包括所有发牌记录。这帮助两人解析了刚打完的比赛。当他们次日回到牌桌时，人类已经有了对付北极星的更好的主意，于是他们赢下了最后两场比赛。即便如此，人类还是对他们的胜利心怀谦卑。伊斯拉米当时说："对我们来说这不是胜利。我们只是侥幸获胜。我玩了迄今为止最棒的单挑扑克，我们险胜。"

2008 年，新的一组人类对手来到第二届人机大赛。[37] 这一次，7 位人类玩家将在拉斯维加斯挑战阿尔伯塔大学团队的机器人。这些人类选手无疑都在最强玩家之列，其中一些人的职业生涯的奖金总和超过了 100 万美元。但他们面对的不是去年落败的北极星，而是北极星 2.0。它更为先进，得到了更好的训练。在经过与拉克和伊斯拉米的比赛后，北极星与自己玩了超过 80 亿局。现在它更加擅长探索可能的出牌组合，这也就意味着它的策略中能被对手抓住的薄弱环节更少了。

北极星 2.0 将重心放在了学习上。在比赛中，它会建立一个对手的模型。它会识别一个玩家在使用什么类型的策略，然后对症下药攻击其弱点。人类玩家无法像拉克和伊斯拉米那样通过在比赛间歇讨论战术来击败北极星 2.0，因为北极星 2.0 跟他们分别比赛时采用的是不同玩法。人类也无法通过改变自己的玩法来重夺优势。如果北极星 2.0 注意到对手改变了策略，它会很快适应新的战术。率领阿尔伯塔大学团队的迈克尔·鲍林（Michael Bowling）说，很多人类玩家面对北极星新的"魔法箱"都很难招架,他们从未见过一个对手可以这样改变策略。

跟以前一样,玩家在有限注德州扑克中以双人组队的形式挑战北极星2.0。一共有4场比赛,每天一场。在前两场比赛中,北极星玩得很糟,一场平局,一场输给了人类玩家。但这次人类并未强到最后:北极星2.0赢下了最后两场比赛,从而取得了最终的胜利。

当北极星2.0从最优策略转向利用对手时,阿尔伯塔大学团队的下一个挑战是如何创造一个真正不可战胜的机器人。他们现有的机器人只能计算一个近似的纳什均衡,这意味着它们可能会被别的策略击败。因此鲍林及其同事开始寻找一套没有破绽的战术,从长期来看不会输钱给任何对手。

使用我们在第6章中见过的最小化后悔路径,阿尔伯塔大学的研究者磨炼着机器人,让它们一次次彼此对战,频率大概是每秒钟2 000局。[38]最终,机器人学会了如何避免被利用,即便对手是完美玩家也能避免。2015年,阿尔伯塔大学团队在《科学》杂志上公开了他们不可战胜的扑克程序"仙王座"(Cepheus)。为向他们的跳棋研究致敬,该论文以《单挑版有限注德州扑克已被解决》(*Heads-UP Limit hold'em Poker Is Solved*)作为标题。[39]

有些发现与传统智慧是一致的。该团队成员告诉我们,在单挑

扑克中，庄家由于是先手，所以占据优势。他们还发现仙王座很少
"平跟"（limp），在第一轮中会选择加注或弃牌，而不是简单跟投
对手的投注。根据约翰逊的说法，随着机器人缩小最优策略的范
围，它开始采用一些难以预测的战术。"时不时地，我们会发现程
序选择和人类智慧之间的区别。"例如，如果拿到不同花色的 4 和
6 这样的牌，仙王座的最终版本选择玩下去，而很多人类会选择弃
牌。2013 年，该团队还注意到他们的机器人会时不时押上允许的
最小投注而不是押上大额赌注。考虑到机器人的训练程度，这很显
然是最优的行动。但是伯奇指出人类玩家对此可能会有不同看法。
尽管计算机认定这是一个聪明的战术，大多数人类会认为这很烦。
伯奇说："投注金额这么小真的很烦人。"仙王座打磨过的版本也不
会一开始就下重注。甚至当它拿到最好的牌（一对 A）时，它押上
最大赌注的概率也只有 0.01%。

仙王座展示出甚至在复杂情况下它也能找到最优策略。研究者
指出了一系列这样的算法可以发挥作用的场景，比如设计海岸警卫
队巡逻方案和医学治疗方案。但是这不是开展这项研究的唯一原
因。阿尔伯塔大学团队引用了艾伦·图灵的一句话作为发表在《科
学》杂志上的那篇论文的结束语："如果我们掩盖驱动我们研究的
主要动力是它本身的乐趣这一事实，我们就是不诚实的。"

虽然取得了这一突破，但不是每个人都认同它代表了人工智能
对抗生物智能的终极胜利。迈克尔·约翰逊说很多人类玩家把有限

注扑克视为简单选项，因为它对玩家可以加注多少是有限制的。这意味着边界被清晰界定了，而可能性也被限制了。

无限注扑克被视为更大的挑战。玩家可以加注任何数量，而且可以随时押上全部筹码。这创造了更多选项和更多的微妙之处。因此，这个游戏有着更接近艺术而非科学的名声。这就是为什么约翰逊希望看到计算机赢。他说："这会打破扑克是心理较量，所以计算机不可能做到的神话。"[40]

桑德霍尔姆说机器人不久就能学会双人无限注扑克。他说："我们正在非常积极地研究，我们可能已经有了超越最好的专业选手的机器人。"事实上，卡内基梅隆大学的机器人 Tartanian 在2014年计算机扑克大赛上就表现出非常强大的能力。无限注扑克有两种类型的比赛，而 Tartanian 在这两类比赛中都夺冠了。它不仅赢得淘汰赛，而且在总现金流比赛中也一路高歌。Tartanian 在关键时刻能够保住一线生机，面对菜鸟时又能收割大量筹码。

随着机器人变得更强并击败更多人类玩家，人类玩家最后可能只能向机器学习扑克的技巧了。国际象棋大师在训练中已经使用计算机来磨炼技能了。如果他们想知道在一个棘手的位置如何走棋，机器可以告诉他们前进的最佳方式。国际象棋机器棋手可以生成超出人类理解范围的余下棋局的策略。

计算机程序已经先后扫荡了国际象棋、跳棋以及扑克，我们可能会说人类已经无法在这样的游戏中与计算机对抗了。计算机可以分析更多数据，记住更多策略，研究更多可能性。它们能够花费更长时间学习和比赛。机器人可以教会自己诈唬这样的"人类"战术，甚至人类尚未发现的"超人"策略，所以，还有什么是计算机不擅长的吗？

在信息不完备时做决策

艾伦·图灵曾提到，如果一个人想要伪装成机器，"很显然他会表现得非常糟糕"。让一个人做一项计算，他会比计算机慢得多，而且更容易犯错。即便如此，仍存在一些机器人无法灵活应对的情况。在参加《危险边缘》时，沃森发现简短提示是最难的。[41] 如果主持人读出单个类别和一个名字，比如"第一夫人"和罗纳德·里根，沃森会花太长时间在数据库中搜寻来找到正确答案（即"谁是南希·里根？"）。在解析又长又复杂的提示的竞赛中，沃森会击败人类选手，但如果只有几个词作为依据的话，人类会取得胜利。在问答秀中，似乎简洁才是机器的敌人。

在扑克游戏中也是一样。机器人需要时间来研究它们的对手，学习他们的投注风格以便利用。相比之下，人类职业选手能够快得多地评估其他玩家。谢弗说："人类更擅长在数据极少时做出关于对手的假设。"

2012 年，伦敦大学的研究者提出，有些人可能格外擅长揣摩其他人。[42] 他们设计了一个叫作"欺骗性互动任务"的游戏来测试玩家撒谎和识别撒谎的能力。在这个任务中，参与者被分配到多个小组中，其中一个人拿到一个写有某个观点（比如"我更喜欢真人秀"）的提示卡，以及撒谎或说实话的指导语。陈述完观点之后，这个人必须给出持有此观点的理由。小组里的其他人则必须对这人是否在说谎给出自己的判断。

研究者发现，撒谎的人通常在拿到提示卡后花更长时间才开始发言。撒谎者平均要花 6.5 秒才开始发言，而诚实发言者只需要 4.6 秒。他们还发现，**好的撒谎者也是更有效的谎言识别者**。正如谚语说的那样："贼才能抓住贼。"尽管撒谎者在游戏中显得更擅长发现欺骗，但其中的原因尚不清楚。研究者猜测这可能是因为（无论有意识还是无意识）他们更擅长注意到其他人的迟缓反应以及加快自己说话的速度。

可惜，人们并没这么擅长发现撒谎的具体迹象。在 2006 年的一项调查中，来自 58 个国家的参与者被问及"你如何发现别人在撒谎"这一问题。[43] 在所有反应中有一个回答出现次数最多，在所有国家中出现且排行榜首：撒谎者回避眼神接触。尽管这是个流行的谎言识别方法，但并不是一个好方法。没有证据显示撒谎者比诚实者会做出更多移开目光的行为。[44] 其他所谓暴露真相的东西也令人存疑。撒谎者在说话时并没有特别明显地表现出激动或者改变姿势。

行为并不总是能令撒谎者暴露，但它可以通过其他方式影响游戏。哈佛大学和加州理工学院的心理学家指出，特定的面部表情可以诱使对手进行糟糕的投注。在 2010 年的一个研究中，他们让参与者玩一个简化的扑克游戏，在游戏中与一个计算机生成的玩家对战。这个由计算机生成的玩家的脸会显示在屏幕上。[45] 研究者告诉参与者计算机会使用不同风格的玩法，但没有对屏幕上显示的脸做任何介绍。其实，这个说明是个骗局。计算机仍随机选择出牌，唯一改变的只是它的脸。这个模拟玩家显示三种表情中的一种，这些表情符合人们对诚实与否的刻板印象。一种是可信的表情，一种是看不出是否可信的平静表情，另一种是不可信的表情。研究者发现，玩家面对具有不可信表情或平静表情的计算机玩家时，会做出相对更好的选择。但是，当参与者对战"诚实"的计算机对手时，他们做出了特别糟糕的选择，经常在拿到了更好的牌时弃牌。

研究者指出，这个研究使用的是一个卡通版玩家，对战的也是新手。职业的扑克比赛的情况很可能与此有很大差别。但是，研究者也认为面部表情可能不是以我们想象的方式影响扑克。研究者写道："与最优的扑克脸是表情平静的脸这一普遍看法不同，引发被试最多投注错误的脸有着与可信相关的特征。"

情绪也可以影响整体的玩牌风格。阿尔伯塔大学团队发现，人类格外容易受蛮力战术影响。迈克尔·约翰逊说："通常来说，很多人类职业牌手关于如何击败其他人的知识都围绕着进攻，一个进攻型策略会给对手施加很多压力，让他们做出艰难的抉择，所以经常会很有效。"与人类对战时，机器人会尝试模拟这种行为，迫使对手犯错。看上去机器人从模仿人类行为中受益匪浅，有时，甚至模仿人类的缺陷也是有好处的。

当马特·梅热（Matt Mazur）2006 年决定制造一个扑克机器人时，他知道它需要避免被检测。[46] 扑克网站会屏蔽任何它们怀疑在运行计算机玩家的人。有个能击败人类的机器人是不够的，梅热需要一个在玩扑克时表现得像人类的机器人。

梅热是科罗拉多州的计算机科学家，在业余时间研究各种软件项目。2006 年的新项目是扑克。梅热于当年秋天创造的首个机器人是一个玩"小筹码"策略的程序。"小筹码"策略是指玩家以极少的资金加入游戏，通过激进的牌风把其他玩家吓走从而独占奖池的行为。这常被视为一种不入流的战术，梅热也发现它并非一个特别成功的战术。6 个月下来，机器人玩了大概 5 万手，输了超过 1 000 美元。梅热放弃了这一有缺陷的初版，设计了一个新机器人，它能正确地玩双人扑克。最终版机器人打牌打得很谨慎，认真选择出牌，投注也非常激进。梅热说因此这个机器人在小筹码游戏中与人类对战时竞争力很强。

下一个挑战是避免被抓住。很可惜，没有太多的信息可以帮助梅热避免被抓。他说："在线扑克网站自然不会透露他们用来识别机器人的监测技术，所以机器人开发者不得不进行推测。"因此，梅热在设计他的扑克程序时把自己代入机器人猎手的角色。"如果我要识别一个机器人，我会考虑很多不同的因素，权衡它们的比重，然后人工去研究判定一个玩家是否为机器人的证据。"

玩家为机器人的一个明显的标志就是奇怪的投注模式。如果一个机器人投注太多或太快，那么它很容易引起怀疑。很可惜，梅热发现他的机器人有时会表现得很奇怪。机器人成对工作，在扑克网站上比赛。其中一个会注册新游戏，另一个则参加这些游戏。有一次梅热不在计算机边时，玩游戏的程序崩溃了。另一个机器人不知道发生了什么，所以继续注册新的游戏。因为没有游戏机器人加入这些游戏，所以梅热的账号连续错过了 20 场游戏。梅热后来意识到他的机器人还有其他奇怪的举动。例如，它们经常用同样的筹码玩数百场游戏。梅热指出人类很少会做出这样的行为：他们通常随着时间推移变得很自信（或很无聊），所以会玩一会儿高筹码游戏。

梅热的机器人不仅要玩得好，还要在扑克网站中进行导航操作。梅热发现有些网站的功能（不管是意外还是有意）让自动导航变得更难。有时它们会微妙地改变显示在他的屏幕上的内容，可能是改变窗口的大小或形状，或是移动按钮的位置。这样的改变对人类来说不是问题，但它们会令被教会在特定维度内导航的机器人不知所措。梅热不得不让他的机器人追踪窗口和按钮的位置以调整它们点击的地方，从而应对任何改变。

整个过程就像是图灵的模仿游戏的一个版本。为了避免被识破，梅热的机器人必须让网站相信它们玩得和人类一样。有时，机器人甚至发现它们要面对图灵的原始测试。大多数扑克网站都包含一个聊天功能，让玩家可以彼此交流。通常玩家在扑克游戏中常常保持沉默，还不是问题。但是有些对话是梅热觉得他无法回避的。如果有人指责他的机器人是个计算机程序而机器人没有回应，他就有被举报给网站所有者的风险。因此梅热编制了一个起疑的对手可能使用的词汇表。如果有人在游戏中提到了"机器人"或"作弊"这样的词，他就会收到警报并介入。这意味着他的机器人在打牌时，他必须守在计算机旁，否则情况可能更糟：一个无人值守的程序很容易碰上麻烦并且不知道如何脱身。

梅热的机器人花了一段时间成为赢家：它在前 18 个月里都没赚钱。最后在 2008 年春天，机器人开始创造微薄的利润。但是这一系列成功在几个月后就戛然而止了。2008 年 10 月 2 日，梅热收到了一封扑克网站的电邮，通知他账号被停用了。所以是哪里露馅了？他说："回想起来，我觉得我的机器人之所以被发现，可能就是因为它玩了太多场。"梅热的机器人玩的都是单挑单桌扑克（Sit' n Go），只要有两人加入游戏就可开始。梅热说："正常玩家一天可能会玩 10 至 15 场无限注单挑单桌扑克，而我的机器人最多时一天玩 50 至 60 场。这可能触发了警报。"当然，这只是他的猜测。"也可能完全是因为其他原因。我永远无法知道真正的原因。"

梅热其实并不介意机器人损失的利润。他说:"我的账号最终被停用时,我没有赚到多少钱。如果我利用那段时间认真玩牌,那么我赢到的钱可能会多很多。但我制造机器人并不是为了赚钱,而是为了挑战。"

账号被停用后,梅热给屏蔽他的扑克网站发了一封电邮,主动解释了他做的事情。他知道好几个方法可以让机器人参与游戏变得艰难,而他希望这可以提高人类扑克玩家的安全感。梅热告诉了扑克网站所有应该留意的点,从大量的游戏到异常的鼠标移动等。他甚至提出了可以阻碍机器人发展的反制措施,比如让屏幕上按钮的大小和位置各不相同。

梅热还在他的网站上公开了制造机器人的详细历史,包括过程截图和设计原理图。他想要告诉人们,扑克机器人很难制造,而用计算机原本可以做更多有用的事。"我意识到如果我要花那么多时间在一个软件项目上,我应该把这些精力投入更值得的事业。"不过,他并不后悔这段经历。"如果我没有制造这个扑克机器人,谁知道我现在在干什么呢。"

THE PERFECT BET

08
超越算牌，
从赌中诞生的科学理论

WE HAVE TO DEAL WITH HIDDEN INFORMATION
AND NEGOTIATE IN THE FACE OF
UNCERTAINTY. RISKS MUST BE BALANCED
WITH REWARDS; OPTIMISM MUST BE
WEIGHED AGAINST PROBABILITY.

我们必须处理隐藏信息，面对不确定性进
行谈判。风险必须与回报达成平衡；乐观
主义必须以概率来权衡。

THE
PERFECT
BET

　　如果你有机会去拉斯维加斯的赌场，一定要抬头看看。你会发现上百个摄像头挂在天花板上，像是漆黑的藤壶，俯瞰着下面的牌桌。这些人工眼是为了保护赌场的收入不因那些眼疾手快的人而受损。直到 20 世纪 60 年代，赌场对作弊的定义都是很清晰的。[1] 他们只需要担心庄家赔钱或玩家在轮盘赌球停住后再投下高额赌注。游戏本身没什么问题，庄家是不可战胜的。

　　然而，事实并非如此。爱德华·索普正是发现了 21 点中的巨大漏洞才写出了那本畅销书《击败庄家》。然后一群物理系学生"降服"了轮盘赌，将这个一向堪称偶然性典范的游戏玩得明明白白。在赌场之外，人们甚至借助数学和众人之力捞走了彩票大奖。

　　胜利取决于运气还是技巧的争论已经蔓延到其他游戏。这一争论甚至决定了曾经利润丰厚的美国扑克产业的命运。2011 年，美国权威机构关闭了几个大型扑克网站，令之前几年席卷全美的"扑克热"宣告终结。这一重大调整的立法依据是《非法网络赌博执法法案》（*Unlawful Internet Gambling Enforcement Act*）。[2] 该法案于2006 年通过，禁止了与"获胜机会主要取决于运气"的游戏相关的银行转账业务。尽管该法案帮助阻止了扑克的盛行，但它并未涉及股票交易或赌马。所以，我们怎样判定一个游戏是运气游戏呢？

　　2012 年夏天，这个问题的答案对一个人来说意义重大。除了对付大型扑克公司，联邦机构也开始对运营小型比赛的人下手了。劳伦斯·迪克里斯蒂纳（Lawrence DiCristina）就是其中之一，他在纽约的斯塔滕岛经营着一个扑克室。[3] 该案件于2012 年进入庭审，迪克里斯蒂纳被指控经营非法赌博生意。

　　迪克里斯蒂纳向法庭提出了撤销判决的申请，接下来的一个月里，他在法庭上据理力争。在听证会上，迪克里斯蒂纳的律师传唤了专家证人，也就是经济学家兰德尔·希布（Randal Heeb）。希布的目的是说服法官，让法官相信扑克主要是一种技巧游戏，所以并不符合非法赌博的定义。在作证时，希布展示了数百万场在线扑克游戏的数据。他指出，排名前列的玩家除了少数几天表现不佳外，其余时间一直稳定获胜。而技术较差的玩家一年下来输得很惨。有人能以打牌为生这一事实无疑就是这个游戏需要技巧的证明。

控方也有一位专家证人出庭，他是经济学家戴维·德罗萨（David DeRosa）。他并不认同希布对扑克的看法。德罗萨用了一台计算机模拟了如果1 000个人抛硬币10 000次会发生什么。假设出现某一结果（如反面朝上）被视作获胜，那么一个特定个体获胜的次数是完全随机的。不过，模拟的结果与希布呈现的结果非常相似：一小部分人持续获胜，余下的人则输得很惨。这并不能说明扔硬币涉及技巧，只能说明如果我们观察的样本足够大，罕见事件就有可能发生，就像无限猴子一样。

德罗萨的另一个证据是输钱玩家的数量。根据希布的数据，似乎95%的在线玩家都输得精光。德罗萨说："如果你一直在输钱，怎么能算技巧娴熟呢？我不认为你比那些输钱更多的不幸的家伙输得更少就叫技巧娴熟。"

希布承认在一个特定游戏中，只有10%～20%的玩家技巧娴熟到足以持续获胜。他说这么多人落败而非获胜的部分原因是赌场的抽成，赌场每轮都会抽走奖池的一部分（在迪克里斯蒂纳的牌局中，抽成比例大概是5%）。但他并不认为一个技巧娴熟的扑克玩家是运气的产物。虽然当很多人一起抛硬币时会有一小群人一直赢，但优秀的扑克玩家通常在位列前茅时仍能持续获胜。抛硬币中的那些幸运儿就未必如此了。

根据希布的说法，优秀的扑克玩家能赢的部分原因是，他们能够控制局面。如果赌徒在一项体育赛事或轮盘赌的轮盘上投注，他们的赌注不会影响结果。但是扑克玩家通过投注可以改变游戏结果。希布说："在扑克游戏中，赌注不只是对结果进行投注，而且是你做出的一个战略选择。你试图影响游戏的结果。"

但德罗萨争辩说，通过多手牌来观察一个玩家的表现没有意义。发出的牌每次都不同，所以每一手都与之前的相互独立。如果每次拿到的手牌都看运气，那么我们没理由认为玩家在输了一手后就会获胜。德罗萨把这情况类比为赌徒谬误。他说："如果在轮盘赌中红色连续出现20次，也不意味着'黑色要出现了'。"

希布反驳说，每一手牌是要看运气，但这不意味着这个游戏是靠运气取胜的游戏。他以棒球投手为例。尽管投球与技巧有关，但每次投球也与运气有关：一个水平较差的投手可能会投出好球，而一个水平较高的投手也可能投出坏球。要想找出最佳（和最差）投手，我们需要观察很多次投掷。

希布说："核心问题是我们要等多久，技巧的影响才会超过运气的影响。"如果需要很多很多手（超过大多数人会玩的数目），那么扑克就该被视作一种运气游戏。希布对在线扑克游戏的分析结果显示，事实并非如此。在经过相对较少的手数后，技巧的影响看上去就超过了运气的影响。因此，在几场牌局后，一个技巧娴熟的玩家应该就会占据上风了。

来自纽约、名为杰克·韦恩斯坦（Jack Weinstein）的法官负责权衡各方观点。韦恩斯坦注意到用来给迪克里斯蒂纳定罪的《非法赌博生意法案》（*Illegal Gambling Business Act*）列出了轮盘赌和老虎机这样的游戏，但并未明确提及扑克。韦恩斯坦说这不是法律第一次没有明确一个关键细节。1926 年 10 月，机场调度员威廉·麦克博伊尔（William McBoyle）协助他人盗窃了伊利诺伊州渥太华的一架飞机。[4] 尽管根据《国家机动交通工具盗窃法案》（*National Motor Vehicle Theft Act*）麦克博伊尔被定罪，但他进行了上诉。他的律师辩称该法案并未明确提及飞机，因为该法典对交通工具（vehicle）的定义是"一辆汽车、卡车、旅行车、摩托车或其他不是设计在轨道上行进的自力推进的交通工具"。按照麦克博伊尔的律师的说法，这意味着飞机并不是交通工具，所以麦克博伊尔不能以运输被盗的交通工具的罪行而被定罪。美国最高法院对此表示认可。他们注意到法律的措辞令人联想到的是陆行交通工具，所以不应该只是因为类似规则适用就套用到飞行器。麦克博伊尔的有罪判决被撤销了。[5]

尽管扑克未在赌博法案中被提及，但韦恩斯坦法官说这并不意味着这个游戏不是赌博。但是这一疏忽确实意味着运气在扑克游戏中的作用是有争议的。韦恩斯坦也认为希布的证据有说服力。直到那年夏天为止，法庭都未曾对扑克是否为联邦法律认定的赌博进行过裁决。韦恩斯坦于 2012 年 8 月 21 日宣布了他的结论，裁决扑克游戏主要依靠技术而非运气取胜。换句话说，它并不能算是联邦法律定义的赌博。迪克里斯蒂纳的有罪判决被推翻了。

不过这一胜利很短暂。尽管韦恩斯坦裁决迪克里斯蒂纳并未违反联邦法律，但纽约州对赌博有着更严格的定义。州法律对所有"运气因素起决定作用"的游戏都有明确说明。结果，迪克里斯蒂纳的无罪判决在 2013 年 8 月被推翻了。韦恩斯坦对运气和技巧的相对作用的裁决未被提及。根据州法律的规定，扑克依然符合赌博生意的定义。[6]

有关扑克这样的游戏有多少运气成分的讨论日益激烈，而迪克里斯蒂纳案自然是绕不开的一部分。"运气因素起决定作用"这样的定义在未来无疑会引发更多疑问。考虑到赌博和金融的部分领域的密切关联，这一定义是否也必然覆盖一些金融投资？我们应该如何区分才华和侥幸呢？

运气与技巧

把游戏分门别类装进标记着运气和技巧的箱子里，是个不错的主意。经常被视作纯粹运气取胜典范的轮盘赌可以放进一个箱子，很多人认为只依赖于技巧取胜的国际象棋可以放进另一个箱子。但实际情况并没有这么简单。因为，我们认为随机的过程经常并非随机。

尽管轮盘赌一直被视为随机性的典范，但它先被统计学再被物理学颠覆。其他游戏也都输给了科学。扑克玩家利用了博弈论，投注团队则将体育博彩变成了投资。根据在洛斯阿拉莫斯研究氢弹的斯坦尼斯瓦夫·乌拉姆的说法，在这样的游戏中技巧的存在并不总是很明显。他说："有一种东西叫习惯性运气，人们认为玩牌手气特别好的人可能在这些游戏上有某些隐藏的天分，其中就包括技巧。"[7] 乌拉姆相信在科学研究中也是如此。有些科学家碰上好运的次数多得让人很难不怀疑其中包含天分的因素。化学家路易斯·巴斯德（Louis Pasteur）在 19 世纪提出了类似的哲学观点。他说："机会总是青睐有准备的人。"[8]

运气很少与某个场景绑定以至于无法改变。完全移除运气是不可能的，但经验显示它经常可以一定程度地被技巧取代。而且，我们认为纯粹依赖技巧的游戏实际情况也并非如此。以国际象棋为例，在国际象棋中，不存在固有的随机性。如果两个玩家每次都下相同的棋步，那么结果永远都是一样的。但是运气还是发挥了一定的作用。因为最优策略是未知的，因此一系列随机棋步仍有可能击败最好的玩家。

很可惜，做决策时，我们看待运气的眼光有时是片面的。如果我们的选择结果不错，我们就将其归功于技巧；如果它们失败了，那就是运气不好。我们对技巧的看法也会被外部信息来源所歪曲。报纸爱写那些抓住风口成为富豪的创业者或是突然变得家喻户晓的名人的故事。我们也总会听到新人作家写出畅销书或品牌一夜成名的故事。我们看到这些成功案例便好奇为什么这些人如此特别。但如果他们并不特别呢？

2006 年，马修·萨尔伽尼克（Matthew Salganik）及其哥伦比亚大学的同事发表了一篇关于虚拟"音乐市场"的研究，参与者可以聆听和下载几十首不同的歌曲并为它们打分。[9]参与者总计 14 000 人，研究者将他们分成 9 组。在 8 组中，参与者可以看到哪些曲子在他们的同组组员中比较受欢迎。最后一组是对照组，该组的参与者不知道其他人下载了哪些歌曲。

研究者发现在对照组（完全依据曲子本身的质量而非其他人下载行为的排名）中最受欢迎的曲子在其他 8 组中并不一定受欢迎。事实上，这 8 组中歌曲的排名差别非常大。尽管"最佳"的头衔会为歌曲带来一些下载量，但不能保证它们最受欢迎。相反，歌曲的知名度通过两个阶段积累。首先，随机性会影响哪些歌曲很早被人们选择。这些最早被下载的歌曲的受欢迎度被社交行为放大了，因为人们都会去看排名然后效仿其他人。这份研究的作者之一彼得·谢里丹·多德斯（Peter Sheridan Dodds）后来写道："知名度与内在品质的关系比我们所认为的小得多，而与传播过程中人群的特质关系很密切。"[10]

对冲基金元盛资本的统计学家马克·鲁尔斯顿（Mark

Roulston）和戴维·汉德（David Hand）指出，受欢迎程度的随机性也会影响投资基金排名。他们于 2013 年写道：“假设基金经理在没有使用任何技术的情况下随便选择了一组基金，其中有些靠运气产生了丰厚的回报，那么这些基金就会吸引投资者，而表现糟糕的基金则会关闭，它们的结果也就从大众的视野中消失了。[11] 看看那些幸存基金的结果，你会认为它们大体上是包含一些技巧成分的。”

运气与技巧以及投注与投资之间的那条分界线，很少像我们想象的那么清晰。彩票应该算教科书式的赌博范例了，但是在数周的累积之后，它们可以产生正向的预期收益：把所有数字组合都买下，你就会赚钱。有时情况却刚好相反，投资变得更像投注。以英国流行的投资形式——政府有奖债券为例。比起收到像普通债券那样获得固定利率不同，政府有奖债券的投资者有资格参与一个月度抽奖。头奖是 100 万英镑，免税，还有几个小一些的奖。通过投资政府有奖债券，人们其实就是拿着他们本可能赚到的利息在赌。如果他们购买的是普通债券，然后取出利息用于购买累积彩票，那么他们的预期收益不会与购买政府有奖债券有太大差别。

如果我们想在某个情境下区分运气与技巧，首先必须找到一个衡量它们的方法。但是有时结果对微小变化非常敏感，看上去不经意的决定完全改变了结果。单个事件也可以产生戏剧性效果，尤其是在足球和冰球这类进球较少的运动中。在这类运动中，这类事件可能是一个决胜的大胆传球，也可能是一个击中门柱的冰球击球。

我们怎样区分冰球比赛主要靠技术取胜还是主要靠运气取胜呢？

2008 年，冰球分析师布莱恩·金（Brian King）提出一个衡量美国职业冰球联赛（NHL）的某个球员有多幸运的方法。[12] 他说："让我们假装有一个统计数据叫'狗屎运'（blind luck）。"为了进行统计计算，他记下当那位球员上场时一支队伍的进球数占总射门数的比例和被拦下的对手射门的比例，然后把这两个值加起来。布莱恩认为，尽管创造射门机会涉及很多技巧，但一次射门能否进球更多受运气影响。令人担忧的是，当布莱恩针对本地的 NHL 球队测试统计数据时，他发现最走运的球员拿到了续约，而不走运的球员则被球队扫地出门。

这一后来被以布莱恩的网名 PDO 命名的统计结果此后也被用来评估其他运动中球员和球队的运气。[13] 在 2014 年足球世界杯中，几个头部球队未能通过预赛。西班牙、意大利、葡萄牙和英格兰都在第一道关卡处倒下了。这是因为他们技不如人还是运气不好？英格兰队向来以运气不好而著称，从被判无效的进球到罚丢的点球不一而足。在 2014 年，情况似乎也是一样：英格兰有着这次比赛所有球队中最低的 PDO，只有 0.66 分。[14]

我们也许会认为有着很低的 PDO 的球队只是不走运。也许它们有个特别容易犯错的前锋或特别弱的守门员。但是一支球队很少长期保持着极低（或极高）的 PDO。如果我们分析更多比赛，就会发现一支球队的 PDO 很快会落在一个接近均值的数字上。这就是弗朗西斯·高尔顿所说的"回归中等"：如果在多场比赛后一支球队的 PDO 还是明显地高于或低于这个均值，那就是运气在发挥作用。

像 PDO 这样的统计学指标对描述一支球队有多幸运是有帮助的，但它们不一定对投注有帮助。赌徒对预测更感兴趣。换句话说，他们想要找到反映能力而不是运气的因素。但是真正理解技巧到底有多重要呢？

以赛马为例，预测赛马场上的事件是很麻烦的过程。从过去经验到赛道条件，各种因素都可能影响一匹马在比赛中的表现。有些因素能帮助我们更清晰地预测未来，有些则让预测变得更加模糊。为了找出那些有用的因素，投注团队需要收集比赛的可靠的、可复现的观察结果。中国香港的赛马场是比尔·本特所能找到的最接近实验室环境的地方，因为同样的赛马在相似条件下的相同赛道上有规律地进行比赛。

本特使用他的统计模型找出了能成功预测赛马情况的因素，发现其中有些因素更为重要。例如，在本特的早期分析中，模型认为一匹马之前的比赛次数是关键的预测因素。事实上，之前的比赛次数比其他所有因素都关键。也许这一发现并不足为奇。可能是因为参加过更多比赛的赛马更熟悉场地，也更少被对手吓到。

为观察结果想出一个解释很容易。给我们一个看似符合直觉的论断，我们可以说服自己情况为何如此，以及为何我们不该对结果感到惊讶。但在做预测时，这种反应可能会成为问题。通过创造一个解释，我们其实是在假设一个过程直接导致了另一个过程。中国香港的赛马之所以获胜是因为它们熟悉场地，它们之所以熟悉场地是因为它们跑过很多次比赛。但只是因为两件事看似相关——就像胜率和参加过的比赛数，并不意味着一件事会直接导致另一件事。

在统计学的世界中，经常被引用的一句话是"相关性不等于因果关系"。我们不妨以剑桥大学各学院的葡萄酒预算为例。[15] 2012学年至2013学年，剑桥大学每个学院花在葡萄酒上的钱与这期间学生的考试成绩呈正相关。学院花在葡萄酒上的钱越多，学生的考试成绩通常就越好。其中，卡尔·皮尔逊和艾伦·图灵曾就读的国王学院以花费338 559英镑位列第一，平均每位学生花费850英镑。[16]

其他地方也出现了类似的巧合事件。消费很多巧克力的国家赢得了更多诺贝尔奖。[17] 当纽约的冰激凌销量升高时，该市的谋杀率也升高了。[18] 当然，买冰激凌不会让我们成为杀人犯，吃巧克力不可能让我们变成诺贝尔级别的研究者，喝葡萄酒也不会让我们考出更好的成绩。

在这些案例中，可能有其他的潜在因素可以解释这种模式。对剑桥大学各个学院来说，这个潜在因素可能是财富，它同时影响着葡萄酒花销和考试成绩。或者，观察结果背后还隐藏着更复杂的原因。这就是比尔·本特不打算解释有些因素在他的赛马模型中显得如此重要的原因。一方面，一匹马参加过的比赛次数可能与某个（隐藏的）直接影响它的表现的因素相关。另一方面，在比赛次数与其他因素（如赛马体重和骑手经验）之间也可能存在错综复杂的权衡，而本特并不打算将它们简单地归结为"A 导致 B"这样的结论。但是本特很乐于牺牲优雅与解释从而换来好的预测。就算他的因素反直觉或很难合理化也没有关系。模型是用来预测特定赛马胜出的概率的，而不是用来解释这匹马为什么会胜出的。

从冰球到赛马，体育分析方法这些年已经得到了广泛应用。它们让赌徒能比过去更加细致地研究比赛，用更好的数据梳理更大的模型。结果就是科学投注已经远远超越了算牌。

赌的科学

爱德华·索普在他的作品《击败庄家》的最后一页做出了预测：接下来 10 年我们会见到全新的一批试图"驯服"运气的方法。他知道自己无法预测这些方法是什么。他写道："大多数可能性是我们现在无法想象的，它们的出现是令人激动的。"

在索普做出这一预测之后，投注的科学确实进化了。它开创了全新的研究领域，范围已经远超拉斯维加斯真实的赌桌和塑料做的筹码。但是科学投注的流行形象还停留在过去。投注策略的故事大多还是围绕着索普或"善魔"的冒险。人们认为成功的投注凭借的是算牌或观察轮盘赌赌桌等手段。故事围绕着数学方法展开，而决策被简化为基本概率。

但是相比于人类的聪明才智，简单方程式的优势并不像这些故事所体现的那样明显。在扑克游戏中，计算拿到某一手牌的概率的能力的确有用，但这并不能确保获胜。当冯·诺伊曼研究博弈论来处理这个问题时，他发现使用像诈唬这样的欺骗性战术其实是更理想的选择。赌徒的做法一直都是对的，只不过他们并不知道其中的原因。

有时彻底放弃数学的完美性也是必要的。随着研究者深入分析扑克的科学，他们发现了博弈论不再适用的情况，这时像读懂对手、利用弱点、察觉情绪等传统特质可以帮助机器玩家冠绝世界。仅仅知道概率是不够的，成功的机器人需要结合数学知识和人类心理。

对于体育运动，情况也是一样。越来越多的分析师试图抓住那些决定了球队表现的球员的怪癖。21世纪初，比利·比恩（Billy Beane）使用赛伯计量学找出那些被低估的球员，并带领资金紧张的奥克兰运动家队打入美国职业棒球大联盟（Major League Baseball）季后赛，比恩因此而闻名。后来，赛伯计量学也在其他体育运动中得以应用。在英格兰足球超级联赛（简称"英超"）中，越来越多的球队聘用统计学家就球队表现和球员的转会提供建议。2014 年，当曼城队成为英超冠军时，该球队有十余位分析师帮助球队做战术分析。[19]

有时人的因素是最主要的因素，超越了从可得的赛事数据收集到的统计数据。毕竟，进球的概率同时取决于球的物理性和踢球球员的心理状态。埃弗顿足球俱乐部的经理罗伯托·马丁内斯（Roberto Martinez）认为在评估可能签约的球员时，思维和表现同样重要。[20] 经理们希望知道一名球员来到新国家后如何适应新环境，或者他是否能应对充满敌意的观众带来的压力。显然，要测量这样的因素是非常困难的。

在体育运动中，测量通常是个难题。从从来没有成功截过球的防守队员到几乎碰不到球的 NFL 的角卫，我们很难确定有价值的信息。但是如果我们想要充分理解一场比赛中正在发生什么以及未来会发生什么，那么知道我们缺失什么是很关键的。

当研究者研发一个运动的理论模型时，他们会把现实简化为抽象。他们选择去除细节，只聚焦关键特征，就像因此闻名的毕加索那样。1945 年冬天，毕加索在绘制他的石版画《公牛》时，他先创作了公牛的现实主义形象。[21] 那时在一旁观看的助手说："这是一头完美无缺的公牛。我告诉自己就是它了。"但是毕加索并未止步于此。完成第一个形象后，他继续创作第二个，然后是第三个。助手注意到，毕加索每创作一张新画，画中的公牛都会随之发生变化。助手说："它开始收缩，开始变瘦。毕加索正在去除而非增加作品元素。"毕加索把每个形象都刻得比原来更深，只保持关键轮廓，直到第 11 张石版画完成。几乎所有细节都消失了，只剩下一些线条。但是公牛的轮廓形状依然清晰可辨。在那寥寥几笔中，毕加索抓住了这只动物的精髓，创造了一个抽象但并不模糊的形象。爱因斯坦讲到科学模型时这样评价《公牛》：它是"所有东西增一分则多，减一分则少"的典范。[22]

抽象并不局限于艺术和科学的世界。它在生活中的其他领域也很常见。以钱为例，每次我们用信用卡付钱时，都是在用抽象来替代实体现金。金额保持不变，但材质、颜色、气味等多余的细节都被去除了。地图也是抽象的一个例子：那些并非必要的细节就不会显示在地图上。当焦点在运输和交通上时，天气就被放弃了；如果我们感兴趣的是晴雨情况，那么高速公路就消失了。

抽象让复杂的世界更容易处理。对大多数人来说，汽车加速器只是一个让车辆跑得更快的装置。我们不关心也不需要知道在我们的脚与轮子之间发生的连锁反应。同样，我们很少把电话视作将声波转化为电子信号的发射器；在日常生活中，它们就是一系列用以产生对话的按键。

事实上，可以说我们对随机性的整体概念就是抽象。当我们说一枚硬币有 50% 的可能出现反面，或者一个轮盘赌球有 1/37 的可能性落在某个数字上时，我们就是在使用抽象。从理论上说，我们可以写下硬币或球的运动方程式，解出它们以预测轨迹。但是因为硬币的翻滚和轮盘的旋转受初始条件的影响很大，因此很难真正预测它们的轨迹。所以作为替代，我们近似处理这一过程并假设它不可预测。为了方便，我们选择简化一个错综复杂的物理过程。

在生活中，人们必须经常（有意识或无意识地）选择使用哪种抽象。最泛化的抽象不会省略任何一个细节。就像数学家诺伯特·维纳（Norbert Wiener）所说："一只猫最好的材料模型就是另一只猫，如果是同一只猫更好。"[23] 如此细致地捕捉世界实际上往往是不可行的，所以我们必须剥离某些特征。但是，这样得出的抽象是现实的模型，它会受人们的信念和偏见所影响。

就算偏差不是有意的，模型也不可避免地受其创造者的意图（和资源）的影响。回想一下那些不同的赛马模型：博尔顿和查普曼的模型有 9 个因素；比尔·本特的统计模型则使用了超过 100 个因素。研究者不得不在选择一个抽象时十分谨慎。简单的模型省略了关键特征，而复杂的模型又可能包含不必要的特征。秘诀在于找到一个既足够细致能发挥作用又足够简化而切实可行的抽象。例如，在 21 点中算牌者不需要记住每张牌的准确点数，他们只需要掌握足够的信息，提高胜算即可。

当然，永远存在着选错抽象从而遗漏关键细节的风险。埃米尔·博雷尔曾说，两个赌徒中总是有一个骗子、一个傻子。并不是其中一个比另一个掌握了更多的信息时才这样。博雷尔指出，在复杂情境下，两个人即使掌握着完全相同的信息，仍会对一件事的概率得出完全不同的结论。当有两名玩家时，博雷尔说每个人都认为"他是那个骗子，而对方是那个傻子"。[24]

扑克游戏很好地展示了人们对抽象的选择十分重要。在扑克中有大量可能的出牌法，多到无法计算，这意味着机器人必须使用抽象来简化游戏。图马斯·桑德霍尔姆指出，这可能带来问题。例如，你的机器人可能只从赌注大小的角度来考虑，从而避免分析每个可能的赌注。然而，长此以往，机器人对现实的看法就不再符合真实情况了。桑德霍尔姆说："你对奖池里有多少钱的信念不再准确了。"因此，你可能很容易被使用更好的更接近现实的抽象的对手击败。

这一问题并不只是出现在扑克游戏中。整个博彩业都建立在这些赌场游戏的输赢是随机的这一假设的基础上。赌场把轮盘赌旋转和 21 点洗牌视为不可预测的并寄望于赌客也这么想，但是相信一个抽象并不等于它是对的。一旦有人带着更好的现实模型前来，就像爱德华·索普或多因·法默，这个人就可以利用赌场的过度简化来赚取利润。

索普和法默开始研究赌场游戏时都是物理系的学生。在随后的几十年里，其他学生和学科追随了两人的脚步。有些人和学科以赌场为研究和征服的目标，其他则聚焦在运动和赛马上。这就带来了一个问题：为什么科学家如此好赌？

1979年1月，麻省理工学院的一群本科生开设了一门名为"必要情况下如何赌"（How to Gamble If You Must）的课外课程。[25]这是该学院为期四周的"独立活动期"的一部分，目的是鼓励学生选修新课，拓展他们的兴趣。选择了这门课程的学生学习了索普的21点策略和算牌方法。很快其中一些人就决定实践一下这些战术。他们打算先去大西洋城，再去拉斯维加斯。

尽管这些玩家最开始使用的是索普的方法，但如果他们想要成功的话，需要新的方法。就像索普发现的那样，单人进行算牌的话很难不被发现。玩家需要在算出局势有利于他们时进行加注，这就意味着他们很可能会引起赌场保安的注意。因此，麻省理工学院的学生组队行动。[26]有些玩家充当观察员（spotters），他们的工作是下最小的注同时进行算牌。当一副牌对他们十分有利时，观察员会向另一组人发出信号，这些人叫"大玩家"（big players），他们会加入牌面，大把投注。为了不引起保安的注意，团队利用了常见的赌场刻板印象。聪明的女学生会穿上低胸上衣假装傻白甜，同时进行算牌。有着亚洲或中东背景的学生则会扮演挥金如土的外国富二代。

虽然随着时间的推移，团队的成员在变，但麻省理工学院团队持续挑战赌场很多年。该团队在马萨诸塞州的生活完全是另外一番景象。这里没有宿舍房间和波士顿的雨，这里有酒店套房和阳光灿烂的天空，还有巨额利润。1995 年 7 月 4 日，该团队大获全胜，当他们即将结束旅程、聚在泳池边时，其中一人扛着一个健身袋，里面装着将近 100 万美元的现金。还有一次，团队中的一人将装着 125 000 美元的纸袋遗落在麻省理工学院的教室里。当他们返回寻找时，纸袋已经不见了。他们后来发现管理员把它放进了自己的储物柜。[27] 联邦调查局和美国缉毒局经过 6 个月的调查才帮助他们找回了这笔钱。

麻省理工学院的 21 点团队已经成为投注传奇的一部分。记者本·梅兹里奇（Ben Mezrich）在畅销书《扳倒赌场》（*Bringing Down the House*）中讲述了他们的故事，这些事件后来也成为电影《决胜 21 点》（*21*）的灵感来源。很可惜，对现代学生来说，麻省理工学院团队的丰功伟绩已经逐渐成为历史。这些年来，赌场引进了更多反制措施，这意味着这些团队很难再现 20 世纪八九十年代的那种成功了。事实上，根据职业赌徒理查德·曼奇金的说法，几乎没有人只靠玩 21 点赚钱。他说："我知道仅有很少的人只靠算牌谋生，一只手就能数得过来。"[28]

但是投注的科学依然是麻省理工学院的特色。2012 年，博士生威尔·马（Will Ma）开设了一门新课，作为独立活动期的一部分。[29] 它的官方名字叫 15.S50，但所有人都称它为麻省理工学院扑克课。研究运筹学的威尔·马在加拿大读本科时很爱玩扑克并且赚了很多钱。当他来到麻省理工学院时，有关他的成功的传闻也传开了，一些人开始向他询问关于扑克的问题。他的系主任迪米特里斯·伯特西马斯（Dimitris Bertsimas）就是其中之一，他也对这个游戏感兴趣。伯特西马斯帮助威尔·马推出了一门教授获胜需要的理论和战术的课程。这是麻省理工学院的一门正式课程。如果学生通过了这门课程的考试，是可以拿到学分的。

这门课吸引了很多人的注意。事实上，第一堂课就因为来的学生太多而不得不换了个教室。威尔·马说："这可能是独立活动期最受欢迎的课之一。"前来上课的人从商学本科生到数学博士都有。威尔·马的课程也吸引了在线扑克社群的注意。很多社群误以为学生们将使用专业知识来开发扑克软件。威尔·马说："消息传着传着就变了。人们以为这门课程会导致产生一个大型扑克机器人系统，一堆麻省理工学院学生编写的机器人程序将赢走所有的钱。"

除了不涉及机器人的内容之外，威尔·马还必须小心避免他的扑克课程被校方误解。他说："人们有可能认为这门课程是在教授投注知识，而这在麻省理工学院里是绝对禁止的。"因此他使用假钱来展示策略。"我必须确保我没有赚走别人的真金白银。"

　　威尔·马没有足够的时间讲述扑克方方面面的知识，所以他将能带来最大利益的话题作为课程的重点。他说："我试图把学习曲线最陡峭的部分细讲一遍。"他解释了为什么玩家不应该害怕在一轮刚开始就入局，以及厌倦了弃牌然后玩太多手的危险。这门课程的很多内容在其他场景下也很有用。威尔·马说："我试图通过实际生活的视角来讲解。"与扑克有关的内容讲到了充满自信地出牌、不让错误影响表现的重要性。学生们学会了如何读懂对手，以及如何处理游戏过程中他们传递的印象。通过这么做，他们开始发现运气和技巧的真实面貌。威尔·马说："我认为扑克教会你的其中一件事就是，就算你做出了好决策，通常也得不到好结果，或者做出了坏决策反而得到了好结果。"

　　教授科学投注的课程也出现在从加拿大安大略的约克大学到美国佐治亚的埃默里大学等其他院校中。[30] 在这些课程中，学生们能够学到彩票、轮盘赌、洗牌和赛马等内容。他们学习统计学和策略，分析风险，权衡各个选项。但是，就像威尔·马发现的那样，人们会对大学中的投注概念抱有敌意。确实，很多人反对在任何情况下赌博。

　　当人们说他们讨厌赌时，通常指的是他们讨厌博彩产业。尽管这二者是关联的，但绝不是等同的。就算我们从未在赌场赌过或与庄家赌过，赌也依然渗透在我们的生活中。运气（无论好坏）都会一直影响我们的职业和关系。我们必须处理隐藏信息，面对不确定性进行谈判。风险必须与回报达成平衡；乐观主义必须以概率来权衡。

投注的科学并不只是对赌徒有用。研究投注是探索运气观念的自然方法，因此是一个磨炼科学技能的好方法。尽管露丝·博尔顿和兰德尔·查普曼的那篇关于赛马预测的论文推动了数十亿美元的博彩业的兴起，但它也是博尔顿就这个话题写的唯一一篇论文。博尔顿在后续的职业生涯中从事的是其他方向的研究。它们大多围绕着市场营销，从不同定价策略的效果到公司如何管理客户关系等方方面面。博尔顿承认那篇有关赛马的论文可能在她的履历中显得有点另类，初看起来，与她的其他研究关联不大，但是这一早期赛马研究中使用的研发模型和评估潜在结果的方法会继续塑造她其余的工作。她说："那种思考世界的方法一直伴随着我。"[31]

博尔顿在分析赛马时使用的概率论，是人类创造的最有价值的分析工具之一。它给了我们判断事件可能性和评估信息可靠性的能力，也因此成为从 DNA 测序到粒子物理的现代科学研究的核心组成部分。但是概率科学并不是从图书馆或阶梯教室中出现的，而是从酒吧和游戏室的纸牌和骰子间诞生的。对 18 世纪的数学家拉普拉斯来说，这是个奇怪的对比。"一门从对运气游戏的思考中起步的科学最后成了人类知识最重要的部分，这实在令人惊叹。"[32]

纸牌和赌场启发了很多其他科学思想。我们已经看到轮盘赌如何帮助亨利·庞加莱完善混沌理论的早期思想，并帮助卡尔·皮尔逊测试了他的新型统计技术。我们还看到了斯坦尼斯瓦夫·乌拉姆的纸牌游戏促成了蒙特卡洛法的提出。该方法现在运用在了从3D计算机图形到疾病暴发分析的各种事情上。我们还看到了博弈论如何从冯·诺伊曼对扑克的分析中浮现出来。

　　时至今日，科学与投注的关系依然紧密。像过去一样，思想双向流动：投注启发新的研究，而科学的发展也为投注提供了新见解。研究者使用扑克来研究人工智能，创造像人一样会诈唬、学习和给人惊喜的机器人。每年这些冠军机器人都能想出人类从来不知道或者不敢尝试的新战术。与此同时，高速算法正在帮助公司自动投注和交易，创造了一个激发新研究路径的相互作用的复杂生态系统。被更好的数据和更快的计算机武装的体育分析不再只是预测球队比分了。它们挑出单个球员的角色，测量运气和技巧对比赛结果的影响。从扑克到博彩交易所，研究者正在推动对人类行为和决策的更深刻的认识，这反过来又帮助提出了更有效的投注策略。

　　科学投注策略的流行形象是一种数学魔法伎俩。为了发财，你只需要一个简单的方程式或一些基础的规则。但是，就像魔法伎俩一样，表演的简单性只是一个幻觉，背后隐藏着大量的准备工作和练习。

　　就像我们看到的那样，几乎所有游戏都可以被击败，但是利润很少来自幸运数字或"万无一失"的系统。成功投注需要耐心和才智。它们需要选择无视教条、遵循自己好奇心的创造者。这样的创造者可能是像詹姆斯·哈维这样的学生，他好奇哪张彩票会中大奖，从而指挥购买成千上万的彩票来利用他发现的漏洞；或者是像爱德华·索普这样的物理学家，他会在厨房的地板上滚动弹珠来弄清楚轮盘赌球会停在哪里。这样的创造者也可能是像露丝·博尔顿这样的商业专家，处理大量的赛马数据来弄清是什么造就了赢家；或是像马克·狄克逊和斯图尔特·科尔斯这样的统计学家，读到一道关于足球预测的本科试题，于是思考如何改进预测方法。

从蒙特卡洛的赌场到中国香港的马场，完美投注的故事是一个科学的故事。曾经充斥着经验法则和无稽之谈的领域，现在有了实验指导下的理论。在这个领域中，迷信的思想已经式微，被严谨和研究所取代。通过21点和赌马致富的比尔·本特对于是谁促成了这一转变十分笃定。他说："并不是拥有街头智慧的拉斯维加斯赌徒想出了一个系统。成功之所以到来，是因为用学术知识和新技术武装的外来者走了进来，照亮了这片曾经幽暗的领域。"[33]

　　首先，特别感谢我的经纪人彼得·塔拉克（Peter Tallack）。从提案到选择出版社，他在过去三年的建议极其宝贵。我还要感谢我的编辑们：Basic Books 的凯拉赫（TJ Kelleher）和琼·杜（Quynh Do），以及 Profile 出版社的尼克·希林（Nick Sheerin），感谢他们在我身上赌了一把，也感谢他们帮助我将这门科学塑造成一个故事。

　　我的父母一直为我的写作提供关键的建议并与我探讨，我永远感谢他们为我做的这一切。感谢克莱尔·弗雷泽（Clare Fraser）、瑞秋·汉姆比（Rachel Humby）和格雷厄姆·惠勒（Greham Wheeler）为本书初稿的提升提出很有助益的意见。当然，还有艾米丽·康威（Emily Conway），她一直用智慧的话语和美酒陪伴着我。

最后，我感激所有花时间跟我分享他们的见解和经历的人：比尔·本特、露丝·博尔顿、尼尔·伯奇、斯图尔特·科尔斯、罗布·埃斯特瓦（Rob Esteva）、多因·法默、戴维·黑斯蒂、迈克尔·约翰逊、迈克尔·肯特、威尔·马、马特·梅热、理查德·芒奇金、布伦丹·普茨、图马斯·桑德霍尔姆、乔纳森·谢弗、迈克尔·斯莫尔和威尔·怀尔德。他们中的很多人通过科学的求知欲塑造了整个行业。后面还将出现什么，让我们拭目以待。

考虑到环保的因素，也为了节省纸张、降低图书定价，本书编辑制作了电子版的注释。请扫描下方二维码，直达图书详情页，点击"阅读资料包"获取。

未来，属于终身学习者

我们正在亲历前所未有的变革——互联网改变了信息传递的方式，指数级技术快速发展并颠覆商业世界，人工智能正在侵占越来越多的人类领地。

面对这些变化，我们需要问自己：未来需要什么样的人才？

答案是，成为终身学习者。终身学习意味着永不停歇地追求全面的知识结构、强大的逻辑思考能力和敏锐的感知力。这是一种能够在不断变化中随时重建、更新认知体系的能力。阅读，无疑是帮助我们提高这种能力的最佳途径。

在充满不确定性的时代，答案并不总是简单地出现在书本之中。"读万卷书"不仅要亲自阅读、广泛阅读，也需要我们深入探索好书的内部世界，让知识不再局限于书本之中。

湛庐阅读 App: 与最聪明的人共同进化

我们现在推出全新的湛庐阅读App，它将成为您在书本之外，践行终身学习的场所。

- 不用考虑"读什么"。这里汇集了湛庐所有纸质书、电子书、有声书和各种阅读服务。
- 可以学习"怎么读"。我们提供包括课程、精读班和讲书在内的全方位阅读解决方案。
- 谁来领读？您能最先了解到作者、译者、专家等大咖的前沿洞见，他们是高质量思想的源泉。
- 与谁共读？您将加入优秀的读者和终身学习者的行列，他们对阅读和学习具有持久的热情和源源不断的动力。

在湛庐阅读 App 首页，编辑为您精选了经典书目和优质音视频内容，每天早、中、晚更新，满足您不间断的阅读需求。

【特别专题】【主题书单】【人物特写】等原创专栏，提供专业、深度的解读和选书参考，回应社会议题，是您了解湛庐近千位重要作者思想的独家渠道。

在每本图书的详情页，您将通过深度导读栏目【专家视点】【深度访谈】和【书评】读懂、读透一本好书。

通过这个不设限的学习平台，您在任何时间、任何地点都能获得有价值的思想，并通过阅读实现终身学习。我们邀您共建一个与最聪明的人共同进化的社区，使其成为先进思想交汇的聚集地，这正是我们的使命和价值所在。

CHEERS

湛庐阅读 App
使用指南

读什么
- 纸质书
- 电子书
- 有声书

怎么读
- 课程
- 精读班
- 讲书
- 测一测
- 参考文献
- 图片资料

与谁共读
- 主题书单
- 特别专题
- 人物特写
- 日更专栏
- 编辑推荐

谁来领读
- 专家视点
- 深度访谈
- 书评
- 精彩视频

HERE COMES EVERYBODY

下载湛庐阅读 App
一站获取阅读服务

北京市版权局著作合同登记号：图字 01-2024-3162

图书在版编目（CIP）数据

胜算 /（英）亚当·库哈尔斯基著；谢宜霖译.

北京 ： 台海出版社，2024. 8. -- ISBN 978-7-5168
-3914-0

Ⅰ. O211-49

中国国家版本馆 CIP 数据核字第 2024S94R97 号

胜　算

著　者：［英］亚当·库哈尔斯基　　　　译　者：谢宜霖

出 版 人：薛　原　　　　　　　　　　封面设计：ablackcover.com
责任编辑：王　萍

出版发行：台海出版社
地　　址：北京市东城区景山东街 20 号　　邮政编码：100009
电　　话：010-64041652（发行、邮购）
传　　真：010-84045799（总编室）
网　　址：www.taimeng.org.cn/thcbs/default.htm
E - m a i l：thcbs@126.com

经　　销：全国各地新华书店
印　　刷：唐山富达印务有限公司
本书如有破损、缺页、装订错误，请与本社联系调换

开　　本：880 毫米 ×1230 毫米　　　　1/32
字　　数：201 千字　　　　　　　　　印　张：9.375
版　　次：2024 年 8 月第 1 版　　　　印　次：2024 年 8 月第 1 次印刷
书　　号：ISBN 978-7-5168-3914-0

定　　价：109.90 元